Nya enkla sätt att lösa ekvationer

Vorwort 7
Über den Inhalt 11

Teil 1 Der Weltraum 14
Unser atemberaubendes Universum 15
Unsere wunderschöne Erde 20
Das faszinierende Atom 23
Erstaunliche Zahlen 26
Der Urknall 30
Die schnellste Inflation aller Zeiten 38
Zukunftsmusik 42
Räume 44
Das dreifache Absolute Nichts 48
Zu schnell, um wahr zu sein? 50
Hat ein morphisches Feld geholfen? 51
Das dritte Absolute Nichts 57
Der unendlich kleine Raum 59
Der unendlich große Raum 62
Das zweite Universum 71

Teil 2 Die Zeit 75
Unsere Zeit, was ist das? 76
Zeit ohne Bewegung? 79
Der imaginäre Helfer 81
Erdzeit 83
Sternzeit -305919.10220065963 85
Jede Uhr geht anders 87
Von Photonen und Atomuhren 92
Zeitreisen 94
Das abenteuerlichste aller Multiversen 101
Doch schneller als das Licht? 107
Der Apfel und der Wurm 108
Die Zeitmaschine 112
Reisen mit Überlichtgeschwindigkeit 114
Alles sieht so anders aus 123

Teil 3 Die Macht der Unendlichkeit **130**
Unendlich oder nicht? 131
Zurück zum unendlich kleinen Raum 135
Zurück zum unendlich großen Raum 138
Raum und Zeit, schon immer und für immer? 142
Das Viele-Welten-Multiversum 147
Das Pendel-Multiversum 151
Das Patchwork-Multiversum 154
Mein eigenes Multiversum 165
Das simulierte Multiversum 177
Noch mehr Multiversen 182

Teil 4 Gott, ja oder nein? **183**
Warum über Gott grübeln? 184
Gar nicht so einfach 185
Das Universum aus dem Nichts 186
Wie können wir uns Gott vorstellen? 190
Gott im Himmel? 194
Keine perfekte Welt 198
Das Horrorhotel 201
Marionettentheater 204
Ist Gott überall? 209
Wie alt ist Gott? 212
Was sagen die Religionen über Gott? 215
Was sagt die Bibel? 220
Was spricht für den Zufall? 227
Was spricht für Gott? 233
Ein Universum zu viel 237
Doch kein Zufall? 242
Schon wieder lauter Kopien 246
Und dann ist der Film fertig 248
Nachwort 249
Danke 250

NYA ENKLA SÄTT ATT LÖSA
EKVATIONER

Hur man löser ekvationer med huvudräkning,
vilket stärker tankeförmågan och förbättrar minnet

EINAR ÖSTMYREN

ISBN: 9789176995013

Copyright © 2017 Einar Östmyren

Omslagsdesign: Stefan "Lillis" Åkesson

Förlag: BoD – Books on Demand, Stockholm, Sverige

Tryck: BoD – Books on Demand, Norderstedt, Tyskland

INNEHÅLLSFÖRTECKNING

Introduktion 7

1. Den nya andragradsformeln 8
    Härledning av formeln 8
    Konjugatregeln 9
    Kvadrering av tal som slutar på 5   9
    Tabell för kvadrering och kvadratrötter   10
    Förberedande test 11
    Jämförande test 11
    De tre formlerna 12
    Övningsexempel vid test 12
    Resultat av test 18
    Fördelar med huvudräkning 18
    Övningar 20

2. Faktorisering av andragradspolynom 21
    Multiplikation av tal 22
    Multiplikation av algebraiska uttryck 27
    Konstruktion av ett andragradspolynom 27
    Faktoruppdelning 28
    Delningsregeln 29
    Faktorregeln 29
    Identiska binomen 32
    När den ena ytterkoefficienten är 1   35
    Andragradsekvationer som kan lösas med hjälp av faktorisering 36
    Andragradsekvationer kan lösas med huvudräkning 39
    Kvadratkomplettering 43
    Övningar med svar 46
    Polynomets kärna 60
    Fördelar att lösa andragradsekvationer med hjälp av faktorisering 62
    Övningar 63

3. Faktorisering av tredjegradspolynom 64

Konstruktion av ett tredjegradspolynom 64
Faktoruppdelning 65
Primtalsfaktorisering 66
Delningsregeln 68
Faktorregeln 68
Övningsexempel 69
En tredjegradsekvation löses med hjälp av faktorisering 82
och jämförs med en konventionell metod
Övningar 1-12 84

4. Faktorisering av fjärdegradspolynom 85

Exempel 85
En fjärdegradsekvation löses med hjälp av faktorisering 86
och jämförs med en konventionell metod

5. Faktorisering av femtegradspolynom 88

Exempel 88
En femtegradsekvation löses med hjälp av faktorisering 89
och jämförs med en konventionell metod

6. Nordens största matematiker 92

Abelpriset 94
Referenser 96
Svar på övningar 97

INTRODUKTION

Med denna bok vill jag presentera en ny formel för andragradsekvationer och en ny metod för polynomfaktorisering. Med denna metod kan man lösa många ekvationer både snabbare och enklare än med en formel.

Efter min pensionering läste jag i en tidskrift hur man multiplicerar tal på ett annat sätt än vad vi är vana vid, nämligen vertikalt och korsvis. Detta gav upphov till metoden för polynomfaktorisering. Problemet var dock att den inte kunde tillämpas på ekvationer med irrationella tal, t. ex pi. Det var då jag kom på idén att finna en enklare formel för andragradsekvationer än den krångliga s.k. pq-formeln.

Då jag tog fram mina gamla anteckningar några år senare, lyckades jag finna en formel som fungerade för såväl enkla som svåra ekvationer med rationella tal. Frågan var om formeln även skulle fungera på ekvationer med irrationella tal, annars skulle den vara värdelös. Men det visade sig att den fungerade även där. I två dagar löste jag många olika ekvationer utan problem och det gick till och med mycket fortare än med pq-formeln.

Vid ett besök i USA passade jag på att kontakta doktor Anne Dow, professor i matematik vid MUM universitetet i Fairfield, Iowa. Formeln blev härledd och godkänd och en ny enkel formel för andragradsekvationer hade nu blivit upptäckt.

Till mina kära vänner, Daniel Bengtsson, Birgitta Larsson och Zaid Holmin, framför jag ett stort varmt tack för ovärderligt stöd under arbetets gång.

Jag föddes 1932 i den norska staden Risör och vid 21 års ålder flyttade jag till Sverige och utbildade mig till kemiingenjör.

Kapitel 1

DEN NYA ANDRAGRADSFORMELN

Sedan 800-talet har pq-formeln varit allenarådande på marknaden, men för några år sedan lanserades en vedisk formel, som har sitt ursprung inom vedisk matematik. Du kan läsa mer om detta i kapitel 2, sida 21. Ett jämförande test har utförts på dessa tre formler och resultatet redovisas på sida 18.

HÄRLEDNING AV DEN NYA ANDRAGRADSFORMELN

Den nya andragradsformeln har följande utseende:

$Ax = -0{,}5B \pm \sqrt{(0{,}5B)^2 + A(-C)}$

Vi vill visa att $Ax^2 + Bx + C = 0$ är ekvivalent med den nya andragradsformeln.

$Ax^2 + Bx + C = 0$ Multiplicera båda leden med A

$A^2x^2 + ABx + AC = 0$ Vi kompletterar båda sidor med $\left(\frac{B}{2}\right)^2$

$A^2x^2 + ABx + \left(\frac{B}{2}\right)^2 = \left(\frac{B}{2}\right)^2 - AC$ Kvadreringsregeln ger:

$\left(Ax + \frac{B}{2}\right)^2 = \left(\frac{B}{2}\right)^2 - AC$

$Ax + \frac{B}{2} = \pm \sqrt{\left(\frac{B}{2}\right)^2 - AC}$

$Ax = -\frac{B}{2} \pm \sqrt{\left(\frac{B}{2}\right)^2 - AC}$

$Ax = -0{,}5B \pm \sqrt{(0{,}5B)^2 + A(-C)}$

vilket vi har visat

$\therefore Ax^2 + Bx + C = 0$ är ekvivalent med $Ax = -0{,}5B \pm \sqrt{(0{,}5B)^2 + A(-C)}$.

KONJUGATREGELN

Den nya andragradsformeln bygger på konjugatregeln, som ofta används för att skriva om en differens till en produkt. Om a och b är två tal får vi:

$$a^2 - b^2 = (a + b)(a - b).$$

Denna regel gäller när termerna har godtyckliga värden på talen a och b i två parentesuttryck som skall multipliceras, där den ena termen innehåller ett plustecken och den andra ett minustecken enligt nedan.

$$(a + b)(a - b) = a^2 - b^2$$

När vi t.ex. multiplicerar 27 · 33 är medelvärdet 30 och avvikelsen 3. Om a = 30 och b = 3 får vi: $(30 + 3)(30 - 3) = 30^2 - 3^2 = 900 - 9 = 891$.
∴ 27 x 33 = 891.

Konjugatregeln kan ofta användas för snabba och eleganta lösningar. Följande exempel illustrerar detta.

Exempel 1 $71^2 - 69^2$ Differens mellan två kvadrater:

$$71^2 - 69^2 = (71 + 69)(71 - 69) = 140 \times 2 = 280.$$

Exempel 2 $x^2 = 29^2 - 21^2$ Pythagoras´sats

$$x^2 = (29 + 21)(29 - 21) = 50 \times 8 = 400$$
∴ x = 20.

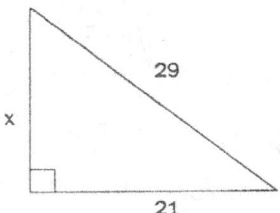

KVADRERING AV TAL SOM SLUTAR PÅ FEM

Eftersom den mellersta koefficienten halveras i den nya andragradsformeln, kommer udda tal att sluta på 5. För att det skall bli lättare att kvadrera sådana tal, används en gammal minnesregel: "Med ett mer än föregående". När vi t.ex. kvadrerar 5,5, multipliceras 5 med 6 d.v.s. det tal som kommer efter 5. Vi multiplicerar 5 med 6 vilket är 30 och därefter lägger man till 25 på rätt decimalposition och får 30,25. Ett exempel på att detta stämmer är när vi multiplicerar 5 + 0,5 med 6 - 0,5 = 30,25. $5,5^2 = 30,25$.

Lös följande ekvation: $4x^2 + 15x + 9 = 0$

Den mellersta koefficienten 15 halveras till 7,5. För att kvadrera 7,5 multiplicerar vi 7 med 8, vilket blir 56 och därefter lägger vi till 25 i rätt decimalposition. $\therefore 7,5^2 = 56,25$.

$Ax = -0,5B \pm \sqrt{(0,5B)^2 + A(-C)}$.

$4x = -7,5 \pm \sqrt{(56,25 + 4(-9))} = -7,5 \pm \sqrt{20,25} = -7,5 \pm 4,5$

$x_1 = -3$, $x_2 = -3/4$.

TABELL FÖR KVADRERING OCH KVADRATRÖTTER

$0,5^2 = 0,25$	$\sqrt{0,25} = 0,5$	$1^2 = 1$	$\sqrt{1} = 1$
$1,5^2 = 2,25$	$\sqrt{2,25} = 1,5$	$2^2 = 4$	$\sqrt{4} = 2$
$2,5^2 = 6,25$	$\sqrt{6,25} = 2,5$	$3^2 = 9$	$\sqrt{9} = 3$
$3,5^2 = 12,25$	$\sqrt{12,25} = 3,5$	$4^2 = 16$	$\sqrt{16} = 4$
$4,5^2 = 20,25$	$\sqrt{20,25} = 4,5$	$5^2 = 25$	$\sqrt{25} = 5$
$5,5^2 = 30,25$	$\sqrt{30,25} = 5,5$	$6^2 = 36$	$\sqrt{36} = 6$
$6,5^2 = 42,25$	$\sqrt{42,25} = 6,5$	$7^2 = 49$	$\sqrt{49} = 7$
$7,5^2 = 56,25$	$\sqrt{56,25} = 7,5$	$8^2 = 64$	$\sqrt{64} = 8$
$8,5^2 = 72,25$	$\sqrt{72,25} = 8,5$	$9^2 = 81$	$\sqrt{81} = 9$
$9,5^2 = 90,25$	$\sqrt{90,25} = 9,5$	$10^2 = 100$	$\sqrt{100} = 10$
$10,5^2 = 110,25$	$\sqrt{110,25} = 10,5$	$11^2 = 121$	$\sqrt{121} = 11$
$11,5^2 = 132,25$	$\sqrt{132,25} = 11,5$	$12^2 = 144$	$\sqrt{144} = 12$

Tabellen visar de tal som normalt behövs för att lösa andragradsekvationer med den nya formeln. Om man kan den lilla multiplikationstabellen, bör det inte vara något problem att kvadrera eller beräkna kvadratroten med huvudräkning. Låt oss beräkna kvadratroten ur 12,25. Vi inser att talet blir högre än 3 och lägre än 4, närmare bestämt 3,5. Kvadratroten ur 72,25 bör vara mittemellan 8 och 9 d.v.s. 8,5. Det krävs bara lite övning för att lösa ekvationer minst lika fort med huvudräkning som med ett artificiellt hjälpmedel.

FÖRBEREDANDE TEST

Ett inledande test visade att det gick fortare att lösa ekvationer med den vediska formeln än med pq-formeln. Därför jämfördes den nya formeln bara med den vediska. Ett utförligt test beskrivs i slutet av kapitlet. Någon vecka innan testet skulle utföras, fick studenterna övningsuppgifter och tabeller så att de kunde öva och vara väl förberedda inför testet. Den nya formeln fick beteckningen A och den vediska B.

Den vediska formeln har följande utseende: $2Ax = -B \pm \sqrt{(B)^2 - 2 \cdot 2 \cdot AC}$.

Vi utnyttjar förhållandet att första derivatan är kvadratroten ur diskriminanten. Diskriminanten är det som står under rottecknet, nämligen kvadraten på den mellersta koefficienten minus produkten av två gånger den första koefficienten och två gånger den sista koefficienten.

För att göra det enklare ändrar vi formeln till: $2Ax = -B \pm \sqrt{(B)^2 - 4AC}$.

Lös ekvationen: $2x^2 - 16x + 14 = 0$

$4x = 16 \pm \sqrt{256 - 4 \cdot 2 \cdot 14} = 16 \pm \sqrt{144} = 16 \pm 12$

$x_1 = 1$, $x_2 = 7$.

Som jämförelse löses ekvationen med den nya formeln.

$Ax = -0,5B \pm \sqrt{(0,5B)^2 + A(-C)}$.

$2x - 16X + 14 = 0$

$2x = 8 \pm \sqrt{64 + 2(-14)} = 8 \pm \sqrt{36} = 8 \pm 6$

$x_1 = 1$, $x_2 = 7$.

JÄMFÖRANDE TEST

Testet bestod av 20 ekvationer och utfördes av 21 elever vid Blackebergs Gymnasium, som rankas som en av Stockholms bästa och populäraste gymnasieskolor med ca 1100 elever och ett hundratal anställda. Skolan har varje läsår flera sökanden än antalet platser och eleverna visar upp goda studieresultat. En stor majoritet av dessa går vidare till högre studier. Tack vare Daniel Bengtsson, som är gymnasielärare i matematik och fysik på denna skola, har detta test blivit möjligt. Före testet tilldelades eleverna en tabell för kvadrering och rotutdragning, som skulle användas vid behov i stället för huvudräkning. Efter testet berättade eleverna vilken formel de tyckte bäst om och varför.

DE TRE FORMLERNA

Formel A: $Ax = -0{,}5B \pm \sqrt{(0{,}5B)^2 + A(-C)}.$ nya formeln

Formel B: $2Ax = -B \pm \sqrt{(B)^2 - 4AC}$ vediska formeln

Formel C: $x = -\frac{p}{2} \pm \sqrt{\left(\frac{p}{2}\right)^2 - q}$ pq- formeln

ÖVNINGSEXEMPEL VID TEST

Studera gärna varje exempel och jämför olikheterna och likheterna. För jämförelsens skull har vi även tagit med pq-formeln.

Exempel 1 $2x^2 + 17x + 8 = 0$ $x_1 = -8, x_2 = -1/2$.

A: $2x = -8{,}5 \pm \sqrt{72{,}25 + 2(-8)} = -8{,}5 \pm \sqrt{56{,}25} = -8{,}5 \pm 7{,}5$

B: $4x = -17 \pm \sqrt{289 - 4 \cdot 2 \cdot 8} = -17 \pm \sqrt{225} = -17 \pm 15$

C: $x^2 + \frac{17x}{2} + \frac{8}{2} = 0 \quad x = -\frac{17}{4} \pm \sqrt{\frac{289-64}{16}} = -\frac{17}{4} \pm \sqrt{\frac{225}{16}} = -\frac{17}{4} \pm \frac{15}{4}$

Exempel 2 $2x^2 + 7x + 5 = 0$ $x_1 = -1, x_2 = -5/2$.

A: $2x = -3{,}5 \pm \sqrt{12{,}25 + 2(-5)} = -3{,}5 \pm \sqrt{2{,}25} = -3{,}5 \pm 1{,}5$

B: $4x = -7 \pm \sqrt{49 - 4 \cdot 2 \cdot 5} = -7 \pm \sqrt{9} = -7 \pm 3$

C: $x^2 + \frac{7x}{2} + \frac{5}{2} = 0 \quad x = -\frac{7}{4} \pm \sqrt{\frac{49-40}{16}} = -\frac{7}{4} \pm \sqrt{\frac{9}{16}} = -\frac{7}{4} \pm \frac{3}{4}$

Exempel 3 $3x + 14x + 8 = 0$ $x_1 = -4$, $x_2 = -2/3$.

A: $3x = -7 \pm \sqrt{49 + 3(-8)} = -7 \pm \sqrt{25} = -7 \pm 5{,}0$
B: $6x = -14 \pm \sqrt{196 - 4 \cdot 3 \cdot 8} = -14 \pm \sqrt{100} = -14 \pm 10$
C: $x^2 + \frac{14x}{3} + \frac{8}{3} = 0 \; x = -\frac{14}{6} \pm \sqrt{\frac{196-96}{36}} = -\frac{14}{6} \pm \sqrt{\frac{100}{36}} = -\frac{14}{6} \pm \frac{10}{6}$

Exempel 4 $4x^2 + 18x + 8 = 0$ $x_1 = -4$, $x_2 = -1/2$.

A: $4x = -9 \pm \sqrt{81 + 4(-8)} = -9 \pm \sqrt{49} = -9 \pm 7{,}0$
B: $8x = -18 \pm \sqrt{324 - 4 \cdot 4 \cdot 8} = -18 \pm \sqrt{196} = -18 \pm 14$
C: $x^2 + \frac{18x}{4} + \frac{8}{4} = 0 \; x = -\frac{18}{8} \pm \sqrt{\frac{324-128}{64}} = -\frac{18}{8} \pm \sqrt{\frac{196}{64}} = -\frac{18}{8} \pm \frac{14}{8}$

Exempel 5 $x^2 + 11x + 18 = 0$ $x_1 = -2$, $x_2 = -9$.

A: $x = -5{,}5 \pm \sqrt{30{,}25 + 1(-18)} = -5{,}5 \pm \sqrt{12{,}25} = -5{,}5 \pm 3{,}5$
B: $2x = -11 \pm \sqrt{121 - 4 \cdot 1 \cdot 18} = -11 \pm \sqrt{49} = -11 \pm 7$
C: $x = -\frac{11}{2} \pm \sqrt{\frac{121-72}{4}} = -\frac{11}{2} \pm \sqrt{\frac{49}{4}} = -\frac{11}{2} \pm \frac{7}{2}$

Exempel 6 $8x^2 + 2x - 15 = 0$ $x_1 = 5/4$, $x_2 = -3/2$.

A: $8x = -1 \pm \sqrt{1 + 8 \cdot 15} = -1 \pm \sqrt{121} = -1 \pm 11$
B: $16x = -2 \pm \sqrt{4 - 4 \cdot 8(-15)} = -2 \pm \sqrt{484} = -2 \pm 22$
C: $x^2 + \frac{2x}{8} - \frac{15}{8} = 0, \; x = -\frac{2}{16} \pm \sqrt{\frac{4+480}{256}} = -\frac{2}{16} \pm \sqrt{\frac{484}{256}} = -\frac{2}{16} \pm \frac{22}{16}$

Exempel 7 $4x^2 + 15x + 9 = 0$ $x_1 = -3$, $x_2 = -3/4$.

A: $4x = -7{,}5 \pm \sqrt{56{,}25 + 4(-9)} = -7{,}5 \pm \sqrt{20{,}25} = -7{,}5 \pm 4{,}5$

B: $8x = -15 \pm \sqrt{225 - 4 \cdot 4 \cdot 9} = -15 \pm \sqrt{81} = -15 \pm 9$

C: $x^2 + \frac{15x}{4} + \frac{9}{4} = 0,\ x = -\frac{15}{8} \pm \sqrt{\frac{225-144}{64}} = -\frac{15}{8} \pm \sqrt{\frac{81}{64}} = -\frac{15}{8} \pm \frac{9}{8}$

Exempel 8 $5x^2 - 9x - 18 = 0$ $x_1 = 3$, $x_2 = -6/5$.

A: $5x = 4{,}5 \pm \sqrt{20{,}25 + 5 \cdot 18} = 4{,}5 \pm \sqrt{110{,}25} = 4{,}5 \pm 10{,}5$

B: $10x = 9 \pm \sqrt{81 - 4 \cdot 5(-18)} = 9 \pm \sqrt{441} = 9 \pm 21$

C: $x^2 - \frac{9x}{5} - \frac{18}{5} = 0,\ x = \frac{9}{10} \pm \sqrt{\frac{81+360}{100}} = \frac{9}{10} \pm \sqrt{\frac{441}{100}} = \frac{9}{10} \pm \frac{21}{10}$

Exempel 9 $x^2 - 6x + 2 = 0$ $x_1 = 3 + \sqrt{7}$, $x_2 = 3 - \sqrt{7}$.

A: $x = 3 \pm \sqrt{9 + 1(-2)} = 3 \pm \sqrt{7}$

B: $2x = 6 \pm \sqrt{36 - 4 \cdot 1 \cdot 2} = \frac{6}{2} \pm \frac{\sqrt{28}}{2} = 3 \pm \sqrt{7}$

C: $x = \frac{6}{2} \pm \sqrt{\frac{36-8}{4}} = \frac{6}{2} \pm \sqrt{\frac{28}{4}} = \frac{6}{2} \pm \frac{\sqrt{28}}{2} = 3 \pm \sqrt{7}$

Exempel 10 $2x^2 - 4x + 5 = 0$ $x_1 = 1 + \frac{i\sqrt{6}}{2}$, $x_2 = 1 - \frac{i\sqrt{6}}{2}$.

A: $2x = 2 \pm \sqrt{4 + 2(-5)} = 1 \pm \frac{i\sqrt{6}}{2}$

B: $4x = 4 \pm \sqrt{16 - 4 \cdot 2 \cdot 5} = 1 \pm \frac{i\sqrt{24}}{4} = 1 \pm \frac{i\sqrt{6}}{2}$

C: $x = -\frac{4}{2} + \frac{5}{2} = 0,\ x = \frac{4}{4} \pm \sqrt{\frac{16-40}{16}} = 1 \pm \frac{i\sqrt{24}}{4} = 1 \pm \frac{i\sqrt{6}}{2}$

Exempel 11 $3x^2 + 13x + 12 = 0$ $x_1 = -3$, $x_2 = -4/3$.

A: $3x = -6{,}5 \pm \sqrt{42{,}25 + 3(-12)} = -6{,}5 \pm \sqrt{6{,}25} = -6{,}5 \pm 2{,}5$

B: $6x = -13 \pm \sqrt{169 - 4 \cdot 3 \cdot 12} = -13 \pm \sqrt{25} = -13 \pm 5$

C: $x^2 + \frac{13x}{3} + \frac{12}{3} = 0$, $x = -\frac{13}{6} \pm \sqrt{\frac{169-144}{36}} = -\frac{13}{6} \pm \sqrt{\frac{25}{36}} = -\frac{13}{6} \pm \frac{5}{6}$

Exempel 12 $x^2 - 18x + 81 = 0$ $x_1 = x_2 = 9$.

A: $x = 9 \pm \sqrt{81 + 1(-81)} = 9 \pm 0 = 5 \pm 0$

B: $2x = 18 \pm \sqrt{324 - 4 \cdot 1 \cdot 81} = 18 \pm 0$

C: $x = \frac{18}{2} \pm \sqrt{\frac{324-824}{4}} = 9 \pm 0$

Exempel 13 $x^2 - 10x + 21 = 0$ $x_1 = 7$, $x_2 = 3$.

A: $x = 5 \pm \sqrt{25 + 1(-21)} = 5 \pm \sqrt{4} = 5 \pm 2$

B: $2x = 10 \pm \sqrt{100 - 4 \cdot 1 \cdot 21} = 10 \pm \sqrt{16} = 10 \pm 4$

C: $x = \frac{10}{2} \pm \sqrt{\frac{100-84}{4}} = \frac{10}{2} \pm \sqrt{\frac{16}{4}} = \frac{10}{2} \pm \frac{4}{2}$

Exempel 14 $3x^2 + 5x - 8 = 0$ $x_1 = -8/3$, $x_2 = 1$.

A: $3x = -2{,}5 \pm \sqrt{6{,}25 + 3 \cdot 8} = -2{,}5 \pm \sqrt{30{,}25} = -2{,}5 \pm 5{,}5$

B: $6x = -5 \pm \sqrt{25 - 4 \cdot 3(-8)} = -5 \pm \sqrt{121} = -5 \pm 11$

C: $x^2 + \frac{5x}{3} - \frac{8}{3} = 0$, $x = -\frac{5}{6} \pm \sqrt{\frac{25+96}{36}} = -\frac{5}{6} \pm \sqrt{\frac{121}{36}} = -\frac{5}{6} \pm \frac{11}{6}$

Exempel 15 $3x^2 - 10x - 8 = 0 \qquad x_1 = 4, x_2 = -2/3.$

A: $3x = 5 \pm \sqrt{25 + 3 \cdot 8} = 5 \pm \sqrt{49} = 5 \pm 7{,}0$

B: $6x = 10 \pm \sqrt{100 - 4 \cdot 3(-8)} = 10 \pm \sqrt{196} = 10 \pm 14{,}0$

C: $x^2 + \frac{10x}{3} + \frac{8}{3} = 0 \quad x = -\frac{10}{6} \pm \sqrt{\frac{100+96}{36}} = \frac{10}{6} \pm \sqrt{\frac{196}{36}} = \frac{10}{4} \pm \frac{14}{6}$

Exempel 16 $2x^2 - 16x + 14 = 0 \qquad x_1 = 7, x_2 = 1.$

A: $2x = 8 \pm \sqrt{64 + 2(-14)} = 8 \pm \sqrt{36} = 8 \pm 6{,}0$

B: $4x = 16 \pm \sqrt{256 - 4 \cdot 2 \cdot 4} = 16 \pm \sqrt{144} = 16 \pm 12{,}0$

C: $x^2 + \frac{16x}{2} + \frac{14}{2} = 0, \quad x = \frac{16}{4} \pm \sqrt{\frac{256-112}{16}} = \frac{16}{4} \pm \sqrt{\frac{144}{16}} = \frac{16}{4} \pm \frac{12}{4}$

Exempel 17 $3x^2 + 2x - 4 = 0 \qquad x_1 = -\frac{1}{3} + \frac{\sqrt{13}}{3}, x_2 = -\frac{1}{3} - \frac{\sqrt{13}}{3}.$

A: $3x = -1 \pm \sqrt{1 + 3 \cdot 4} = -\frac{1}{3} \pm \frac{\sqrt{13}}{3}$

B: $6x = -2 \pm \sqrt{4 - 4 \cdot 3(-4)} = -\frac{2}{6} \pm \frac{\sqrt{52}}{6} = -\frac{1}{3} \pm \frac{\sqrt{13}}{3}$

C: $x^2 + \frac{2x}{3} - \frac{4}{3} = 0, \quad x = -\frac{2}{6} \pm \sqrt{\frac{4+48}{36}} = -\frac{2}{6} \pm \frac{\sqrt{52}}{6} = -\frac{1}{3} \pm \frac{\sqrt{13}}{3}$

Exempel 18 $x^2 + 5x + 6 = 0$ $\qquad x_2 = -3, x_1 = -2.$

$$A: x = -2{,}5 \pm \sqrt{6{,}25 + 1(-6)} = -2{,}5 \pm \sqrt{0{,}25} = -2{,}5 \pm 0{,}5$$
$$B: 2x = -5 \pm \sqrt{25 - 4 \cdot 1 \cdot 6} = -5 \pm \sqrt{1} = -5 \pm 1{,}0$$
$$C: x = -\frac{5}{2} \pm \sqrt{\frac{25-24}{4}} = -\frac{5}{2} \pm \sqrt{\frac{1}{4}} = -\frac{5}{2} \pm \frac{1}{2}$$

Exempel 19 $x^2 + 4x - 3 = 0$ $\qquad x_1 = -2+\sqrt{7}, x_2 = 2-\sqrt{7}.$

$$A: x = -2 \pm \sqrt{4 + 1 \cdot 3} = -2 \pm \sqrt{7}$$
$$B: 2x = -4 \pm \sqrt{16 - 4 \cdot 1(-3)} = -\frac{4}{2} \pm \frac{\sqrt{28}}{2} = -2 \pm \sqrt{7}$$
$$C: x = -\frac{4}{2} \pm \sqrt{\frac{16+12}{4}} = -\frac{4}{2} \pm \sqrt{\frac{28}{4}} = -\frac{4}{2} \pm \frac{\sqrt{28}}{2} = -2 \pm \sqrt{7}$$

Exempel 20 $6x^2 + 17x + 12 = 0$ $\qquad x_1 = -3/2, x_2 = -4/3.$

$$A: 6x = -8{,}5 \pm \sqrt{72{,}25 + 6(-12)} = -8{,}5 \pm \sqrt{0{,}25} = -8{,}5 \pm 0{,}5$$
$$B: 12x = -17 \pm \sqrt{289 - 4 \cdot 6 \cdot 12} = -17 \pm \sqrt{1} = -17 \pm 1$$
$$C: x^2 + \frac{17x}{6} + \frac{12}{6} = 0, \; x = -\frac{17}{12} \pm \sqrt{\frac{289-288}{144}} = -\frac{17}{12} \pm \sqrt{\frac{1}{144}} = -\frac{17}{12} \pm \frac{1}{12}$$

RESULTAT AV TESTET

Efter testet tyckte samtliga elever bäst om den nya formeln, eftersom det var så lätt att kvadrera de låga talen med huvudräkning. Eftersom eleverna var ovana vid båda formlerna och inte haft tillfälle att förbereda sig så mycket, så uppstod stora tidsvariationer. Det var därför svårt att göra någon utvärdering, men testet visade att de löste ekvationerna i genomsnitt fortare med den nya formeln än med den vediska. Några få elever löste ekvationerna i genomsnitt 16 % fortare med den nya formeln än med den vediska, men med mer övning och vana med de nya formlerna borde denna siffra bli betydligt högre.

När samma test utfördes av mer erfarna personer, löstes samtliga 20 ekvationer med enbart huvudräkning när den nya formeln tillämpades. Resultatet av detta test visade att de löste ekvationerna i genomsnitt 30 % snabbare med den nya formeln än med den vediska och 75 % snabbare än med pq-formeln.

I själva verket är tidsfaktorn inte så viktig, men att lösa ekvationer med enbart huvudräkning utan att förlita sig på artificiella hjälpmedel är unikt.

FÖRDELAR MED HUVUDRÄKNING

1. Huvudräkning ökar mental skärpa och intelligens. Det blir uppenbart för alla som har praktiserat huvudräkning och har sett effekterna.

2. Den ökar tankeprecisionen. Siffror och andra matematiska objekt är opartiska och ger bara ett enda korrekt svar som alla kan vara ense om: det finns aldrig några motsägelser. Denna absoluta precision är unik för matematiken, så genom att handskas på ett djupt och ingående sätt med tal, som vi gör vid huvudräkning, kultiverar vi vårt tänkande så att det blir klarare.

3. Huvudräkning leder på ett naturligt sätt till en klarare urskillningsförmåga vad gäller varaktighet och regler, som är nödvändiga attribut i en ständigt föränderlig värld.

4. Vårt sinne har förmågan att hålla fast vid flera tankegångar samtidigt så att de kan jämföras med varandra, kombineras o.s.v. Denna förmåga förbättras genom huvudräkning vid övning av att ha ett tal i tankarna samtidigt som man kalkylerar med siffrorna.

5. Huvudräkning förbättrar minnet som försvagas om det inte tränas. Såväl korttidsminne som långtidsminne stimuleras av huvudräkning.

6. Eftersom siffror är absolut tillförlitliga kan huvudräkning stärka självförtroendet, i synnerhet skapar huvudräkning självförtroende och tillit till den egna förmågan. Att lösa ett problem, kanske ett svårt sådant, enbart genom huvudräkning utan att förlita sig på något artificiellt hjälpmedel, är en källa till stor tillfredsställelse och stimulans.

7. Huvudräkning är till glädje för sinnet: siffrornas inneboende egenskaper, relationer och skönhet och det sätt på vilket de skapar nya siffror är en källa till stor glädje.

8. Genom huvudräkning blir man förtrogen med siffror och sätter värde på deras olika egenskaper. Detta leder till en verklig förståelse för siffror.

9. Genom att använda huvudräkning uppskattas siffrornas subtila egenskaper och deras inbördes förhållande kan uppskattas klarare än om uträkningen skrivs ned och därmed blir fixerad. På så sätt leder huvudräkning naturligt till innovationer och till upptäckter av nya metoder, och därigenom utvecklas elevens naturliga kreativitet.

10. De praktiska användningsområdena för huvudräkning är många, eftersom vi alla behöver göra snabba och omedelbara beräkningar då och då.

Således ser vi att huvudräkning har många fördelar och faktiskt gör matematiken mer levande, då den ger motivation samt stärker och livar upp sinnet. Vårt sinne har en mängd olika egenskaper. Med lämplig träning kan vi använda dessa egenskaper hos sinnet till vår fördel.

Detta betyder inte att penna och papper eller räknemaskiner skall uteslutas helt inom matematiken. De har naturligtvis sin plats, men huvudräkning bör vara den främsta metoden för beräkningar.

ÖVNINGAR (1–39)

1. $3x^2 + 13x + 4 = 0$
2. $6x^2 + 7x - 3 = 0$
3. $2x^2 + 11x + 12 = 0$
4. $2x^2 - x - 3 = 0$
5. $6x^2 - 11x + 4 = 0$
6. $5x^2 + 31x + 6 = 0$
7. $6x^2 + 5x + 1 = 0$
8. $7x^2 + 11x - 6 = 0$
9. $12x^2 + 17x + 6 = 0$
10. $x^2 - 3x - 10 = 0$
11. $x^2 + 2x - 15 = 0$
12. $2x^2 + x - 6 = 0$
13. $3x^2 + 7x - 6 = 0$
14. $5x^2 - x - 18 = 0$
15. $2x^2 - 5x + 3 = 0$
16. $2x^2 - 7x + 3 = 0$
17. $2x^2 - 11x + 5 = 0$
18. $2x^2 - 5x + 3 = 0$
19. $5x^2 - 3x - 2 = 0$
20. $x^2 + 3x + 2 = 0$
21. $12x^2 + 23x + 10 = 0$
22. $3x^2 - 24x + 48 = 0$
23. $x^2 + x - 3 = 0$
24. $x^2 + 7x - 6 = 0$
25. $x^2 + x - 1 = 0$
26. $x^2 - 4x - 5 = 0$
27. $x^2 - 4x - 21 = 0$
28. $x^2 - 6x + 5 = 0$
29. $3x^2 - x - 2 = 0$
30. $x^2 + 9x + 20 = 0$
31. $x^2 + 8x + 16 = 0$
32. $4x^2 - 32x + 28 = 0$
33. $x^2 + x - 2 = 0$
34. $x^2 + 7x + 12 = 0$
35. $3x^2 + 11x + 6 = 0$
36. $x^2 - 2x - 15 = 0$
37. $x^2 - 10x + 21 = 0$
38. $2x^2 + 9x + 4 = 0$
39. $x^2 - 14x + 24 = 0$

Kapitel 2

FAKTORISERING AV ANDRAGRADSPOLYNOM

Metoden för polynomfaktorisering bygger på en kombination av vertikal och korsvis multiplikation samt två regler, delningsregeln och faktorregeln. Med hjälp av denna metod kan alla andragradsekvationer lösas fortare än med formel, förutom ekvationer som innehåller irrationella tal t.ex. pi, d.v.s. tal som inte kan uttryckas som kvoten mellan två heltal.

Man kan alltså välja att antingen lösa sådana andragradsekvationer med en formel eller med hjälp av faktorisering. Metoden, som även kan tillämpas på tredje-, fjärde-, och femtegradspolynomer, beskrivs i kapitel 3 - 5. På liknande sätt kan motsvarande ekvationer lösas utan att tillämpa tidskrävande metoder, som substitution och polynomdivision.

Ett polynom är ett algebraiskt uttryck för en summa av termer. En term består av en koefficient och en heltalspotens av en variabel. I polynomet $2x^2 - 16x + 14$ är x en variabel, 2 och 16 koefficienter och 14 konstantterm. När man multiplicerar två tal får man en produkt. Faktorisering är motsatt där man i stället utgår från en produkt och delar upp den i faktorer.

Låt oss ta ett enkelt exempel och faktorisera talet 12 = 3 x 4 där 3 och 4 är faktorer. Vi har därmed delat upp 12 i 3 och 4 och på samma sätt kan vi göra med ett polynom t.ex. $x^2 + 4x$. Här har vi två termer som båda innehåller x. Vi bryter ut x och skriver $x(x + 4)$ och vi får två faktorer x och $(x + 4)$.

Vertikal och korsvis multiplikation kommer ursprungligen från vedisk matematik, som återupptäcktes på 1900-talet i de mångtusenåriga vediska skrifterna av Sri Bharati Krsna Tirthaji (1884 – 1960). Han studerade dessa mellan 1911 och 1918 och rekonstruerade ett matematiskt system baserat på 16 formler, s.k. sutror. Sedan skrev han sexton böcker – en om varje sutra – men oturligt nog gick alltsammans förlorat. Bharati Krsna avsåg att skriva böckerna en gång till, men dessvärre hann han endast med introduktionsvolymen, skriven 1957, innan han dog. Bokens titel är "Vedic Mathematics" och publicerades 1965 av Motilal Banarsidass.

För en del människor känns det kanske underligt att matematik kan baseras på sexton sutror, men en sutra bör uppfattas som en matematisk sats eller en formel. På samma sätt som vi säger "använd Pythagoras sats" till en person som sysslar med rätvinkliga trianglar, kan vi säga "använd vertikalt och korsvis" till en person som sysslar med multiplikation. Dessa formler erbjuder enkla, direkta, enradiga huvudräkningslösningar till matematiska problem. De är lätta att komma ihåg, lätta att förstå och ett nöje att använda.

När vi kvadrerade tal som slutade på 5 i kapitel 1, användes minnesregeln eller formeln "Med ett mer än föregående" och förmodligen tyckte ingen att det var så märkvärdigt. Vår metod för polynomfaktorisering består egentligen av tre formler: vertikal och korsvis, delningsregeln och faktorregeln. Genom att ge konkreta exempel ökar också förståelsen för tillämpningen av dessa formler.

MULTIPLIKATION AV TAL

Nedanstående är den generella metoden för multiplikation, med vilken vi kan multiplicera vilka tal som helst eller vilka algebraiska uttryck som helst med varandra. Man skriver svaret på en rad från höger till vänster eller från vänster till höger.

Exempel 1   17 x 19

$$\begin{array}{r} 17 \\ \underline{19} \\ 3_2 2\,_6 3 \end{array}$$

Vi utför tre räkneoperationer:

1) Multiplicera 9 x 7 = 63. Skriv ner 3 i svaret och för över minnessiffran 6 till nästa rad till vänster.

2) Multiplicera korsvis och addera (1 x 9) + (1 x 7) = 16. Addera den överförda siffran 6 till 16, vilket blir 22 och skriv ner 2 i svaret. För över minnessiffran 2 till nästa rad till vänster.

3) Multiplicera 1 x 1 = 1. Addera siffran 2 och skriv 3. ∴ 17 x 19 = 323.

Exempel 2 42 x 31

$$\begin{array}{r} 42 \\ \underline{31} \\ \underline{13_1\ 0\ 2} \end{array}$$

1) Multiplicera 2 x 1 = 2 och skriv ner 2 i svaret.
2) Korsmultiplicera och addera (4 x 1) + (2 x 3) = 10. Skriv ner 0 och för över minnessiffran 1 till nästa rad till vänster.
3) Multiplicera de vänstra siffrorna: 4 x 3 = 12. Addera den överförda siffran 1 och skriv 13.

Produkten 42 x 31 = 1302 erhålls alltså på en rad genom att multiplicera vertikalt till höger, korsvis i mitten och vertikalt till vänster.

Det är viktigt att se det vertikala och korsvisa mönstret i denna beräkning, så att vi lätt kan utvidga metoden till att omfatta större produkter. Om vi låter fyra prickar representera siffrorna i beräkningsuppställningen, så kan vi illustrera de tre stegen i nedanstående figur.

3:e steget   2:a steget   1:a steget
4 x 3 = 12   (4 x 1) + (2 x 3) = 10   2 x 1 = 2

FÖRKLARING

Vi multiplicerar ental med ental för att få entalssiffran, tiotal med ental och ental med tiotal för att få tiotalssiffran och tiotal med tiotal för att få hundratalssiffran i svaret. Metoden kan utvidgas att omfatta faktorer av godtycklig storlek.

Exempel 3   Två 3-siffriga faktorer: **302 x 514**

```
    3 0 2       1) 2 x 4 = 8,
    5 1 4       2) (0 x 4) +( 2 x 1) = 2,
1 5 5 ₂2 2 8    3) (3 x 4) + (0 x 1) + (2 x 5) = 22, (överför 2)
                4) (3 x 1) + (0 x 5) = 3, 3 + 2 = 5,
                5) 3 x 5 = 15.
```

Återigen ser vi ett vertikalt- och korsvis mönster i beräkningsgången.

5:e steget   4:e steget   3:e steget   2:a steget   1:a steget

Exempel 4   Två 4-siffriga faktorer: **3251 x 7604**

```
    3 2 5 1        1) 1 x 4,
    7 6 0 4        2) (5 x 4) +(1 x 0) = 20,
2 4₃7₅2₅0₁6₂0 4    3) (2 x 4) + (5 x 0) + (1 x 6) = 14, 14 + 2 = 16,
                   4) (3 x 4) + (2 x 0) + (5 x 6) + (1 x 7) = 49, 49 + 1 = 50,
                   5) (3 x 0) + (2 x 6) + (5 x 7) = 47, 47 + 5 = 52,
                   6) (3 x 6) + (2 x 7) = 32, 32 + 5 = 37,
                   7) 3 x 7 = 21, 21 + 3 = 24.
```

7:e steget   6:e steget   5:e steget   4:e steget   3:e steget   2:a steget   1:a steget

Inom vedisk matematik spelade huvudräkningen central roll vid matematiska beräkningar, eftersom man förmodligen inte hade tillgång till varken papper eller penna. Man använde sig av många knep bland annat baser t.ex. 1, 10, 100, 1000, 0,1, 0,01 etc. Vi skall ge några få smakprov bland de många metoder som används inom vedisk matematik.

Den konventionella metoden för multiplikation är synnerligen besvärlig när faktorernas siffervärden är höga, som t.ex. 88 x 98. Med hjälp av formeln "Alla från nio och den sista från tio", är det möjligt att utnyttja det faktum att talen ligger nära en bas och ger oss svaret lätt och omedelbart enligt följande exempel.

Exempel 5   88 x 98

$$\begin{array}{r} 88 - 12 \\ 98 - 2 \\ \hline 86 \,/\, 24 \end{array}$$

Båda talen är nära basen 100. Skriv ner talen under varandra och skriv differensen till 100 till höger om varje tal. Eftersom talen är mindre än 100, förses avvikelserna beräknade med "Alla från nio och den sista från tio" med minustecken. Den vänstra delen av svaret fås ur den korsvisa subtraktionen av 88 – 02 = 86 eller 98 – 12 = 86. Den högra delen av svaret fås ur den vertikala multiplikationen av avvikelserna dvs. 12 x 2 = 24. ∴ 88 x 98 = 8624.

Denna metod är så enkel att det är mycket lätt att genomföra hela beräkningen i huvudet. Vi subtraherar bara det ena talet med avvikelsen från det andra talet och får den ena delen av svaret. Därefter multipliceras avvikelserna med varandra och resultatet blir den högra delen av svaret.

Exempel 6   67859 x 99998

$$\begin{array}{r} 67859 - 32141 \\ 99998 - 2 \\ \hline 67857 \,/\, 64282 \end{array}$$

Här är basen 100 000. Det är lätt att få fram avvikelserna med hjälp av " Alla från nio och den sista från tio ".

Exempel 7 112 x 97

$$\begin{array}{r} 112 + 12 \\ \underline{97 - 03} \\ 109 \;/\; \overline{36} \\ \underline{108 \;/\; 64} \end{array}$$

När talen ligger på varsin sida om basen är den ena avvikelsen positiv och den andra negativ. Den vänstra delen fås antingen som 112 – 3 = 109 eller 97 + 12 = 109. Den högra delen är negativ på grund av multiplikationen av 12(–3). Därför reduceras den vänstra delen med 1 samtidigt som " Alla från nio och den sista från tio" appliceras på den högra delen.

Exempel 8   98 x 97 x 96   Multiplikation av tre tal

$$\begin{array}{r} 98 - 02 \\ 97 - 03 \\ \underline{96 - 04} \\ 91/\;26\;/\overline{24} \\ \underline{=91/\;25\;/\;76} \end{array}$$

Vi skriver avvikelserna intill talen. Subtrahera den vänstra delen av svarsdelen:
98 – 3 – 4 = 91, 97 – 2 – 4 = 91 eller 96 – 2 – 3 = 91.
Mellanledet i svaret fås om avvikelserna multipliceras parvis och resultaten adderas:
(2 x 3) + (2 x 4) + (3 x 4) = 26.
Avvikelserna i den högra svarsdelen multipliceras 2 x 3 x 4 = 24. Eftersom alla tre avvikelserna är negativa, blir deras produkt också negativ.

MULTIPLIKATION AV ALGEBRAISKA UTTRYCK

Vi skall konstruera ett enkelt andragradspolynom med faktorerna $(x + 1)(x + 2)$. Vid multiplikation får vi $x^2 + 3x + 2$. Vi placerar den andra faktorn under den första enligt nedanstående vediska modell. Det går lika bra att multiplicera vertikalt och korsvis från vänster till höger som från höger till vänster.

$x + 1$
$x + 2 = x^2 + 3x + 2$

1:a steget: $x \cdot x = x^2$
2:a steget: $x \cdot 2 + x \cdot 1 = 3x$
3:e steget: $1 \cdot 2 = 2$

3:e steget   2:a steget   1:a steget

KONSTRUKTION AV ETT ANDRAGRADSPOLYNOM

Låt oss konstruera ett annat andragradspolynom med faktorerna $(5x + 2)$ och $(x + 4)$. Placera den ena faktorn under den andra och utför vertikal och korsvis multiplikation enligt nedan.

$5x + 2$
$x + 4 = 5x^2 + 22x + 8$

1:a steget : $5x \cdot x = 5x^2$
2:a steget: $5x \cdot 4 + x \cdot 2 = 22x$
3:e steget: $2 \cdot 4 = 8$

$\therefore 5x^2 + 22x + 8 = (5x + 2)(x + 4)$.

<u>Den mellersta koefficienten 22x, som är summan av två produkter, spelar en central roll när vi faktoriserar och delar upp koefficienterna.</u>

FAKTORUPPDELNING

Nedanstående tabell visar hur koefficienterna delas upp i faktorer. Primtalen 2,3,5,7, 11,13,17,19 o.s.v. kan bara delas upp med sig själva och 1 medan övriga tal, som kallas sammansatta tal, kan delas upp på olika sätt.

1. 1/1	2. 2/1	3. 3/1	4. 4/1, 2/2
5. 5/1	6. 2/3, 1/6	7. 7/1	8. 2/4, 1/8
9. 3/3, 1/9	10. 2/5, 1/10	11. 11/1	12. 3/4, 2/6, 1/12
13. 13/1	14. 2/7, 1/14	15. 3/5, 1/15	16. 2/8, 4/4, 1/16
17. 17/1	18. 3/6, 2/9, 1/18	19. 19/1	20. 4/5, 2/10, 1/20

- ❖ För enkelhetens skull skriver vi ibland ytterkoefficienterna då vi i själva verket menar den första koefficienten och konstanttermen eller den första och sista koefficienten.

- ❖ Kontrollera först om den mellersta koefficienten är ett udda eller ett jämnt tal, då den anger hur koefficienterna skall delas upp.

- ❖ När vi t.ex. skriver $3x \cdot 3$ menas att multiplikationen utförs korsvis.

- ❖ Minus x minus = plus, minus x plus = minus, och plus x plus = plus.

- ❖ Ett binom är ett polynom som består av två termer (bi = 2) t.ex. $3x + 1$.

- ❖ Faktorregeln får inte förväxlas med faktorsatsen.

DELNINGSREGELN

Om den mellersta koefficienten är ett udda tal, har en udda faktor i den första termen multiplicerats korsvis med en udda faktor i den sista. De två andra faktorerna kan antingen vara jämna eller en udda och en jämn.

Om den mellersta koefficienten däremot är ett jämnt tal, har 4 udda, 4 jämna eller 2 udda och 2 jämna faktorer blandats parvis och multiplicerats korsvis t.ex. 3 x 4 och 1 x 2 = 14.

Eftersom den mellersta koefficienten spelar en avgörande roll när man skall faktorisera, måste man alltid först kontrollera om den mellersta koefficienten är ett udda eller ett jämnt tal. Om man inte gör det, vet man heller inte hur koefficienterna skall delas upp. Om den mellersta koefficienten t.ex. är ett udda tal, måste ytterkoefficienterna delas upp så att varje koefficient innehåller en udda faktor.

Delningsregeln gäller kanske inte alltid om polynomet innehåller minustecken. Något undantag har inte upptäckts, men om så skulle vara fallet kan man alltid kontrollera svaret genom vertikal och korsvis multiplikation av binomen.

FAKTORREGELN

Multiplicera den största faktorn i den första termen korsvis med den faktor i den sista termen, konstanttermen, vars produkt understiger och är närmast den mellersta koefficienten. Detta gäller polynom med enbart plustecken, men om polynomet innehåller minus, eller plus och minus, väljer man den faktor vars produkt är närmast den mellersta koefficienten.

Ett annat sätt är att multiplicera den minsta faktorn i den första termen i stället för den största, men då måste den multipliceras med den faktor i konstanttermen, vars produkt ligger längst ifrån den mellersta koefficienten. Erfarenheten har visat att det är bäst att använda den största faktorn.

Exempel

Låt oss faktorisera ett polynom som innehåller både plus och minus.

$8x^2 + 2x - 15$.

Vi ska komma fram till två binomen och när dessa två är multiplicerade ihop vertikalt och korsvis, skall vi få detta polynom: $8x^2 + 2x - 15$.

Den första koefficienten $8x^2$ delar vi upp i 4x/2x eftersom den mellersta koefficienten är ett jämnt tal och 15 i 3/5. (8x/1x skulle leda till att den mellersta koefficienten blev summan av ett jämnt och ett udda tal, d.v.s. udda).

Enligt faktorregeln multipliceras den största faktorn i den första termen 4x. Vi skall nu välja om 4x skall multipliceras med 3 eller 5 och om det skall vara plus eller minustecken. Eftersom den mellersta koefficienten 2 är positiv, väljer vi mellan + 3 och + 5. Är det 4x · 3 = 12x eller 4x · 5 = 20x som ligger närmast 2x?. Det är 4x · 3. Det innebär att 4x · 3 multipliceras korsvis och kombineras med 2x(−5). Den mellersta koefficienten blir därmed summan av två produkter 4x · 3 och 2x(−5), som är numeriskt mindre på grund av de val vi gjort. Vi har nu fastställt att det första binomet är (4x − 5) och det andra är (2x + 3). Vi multiplicerar korsvis för att verifiera och vi får faktorerna (4x − 5) och (2x + 3) enligt nedan.

$8x^2 + 2x - 15$
$4x - 5$
$2x + 3 = 8x^2 + 2x - 15$
$\therefore 8x^2 + 2x - 15 = (4x - 5)(2x + 3)$.

<u>Observera hur den mellersta koefficienten 2x återuppstår.</u>

Det finns mer än ett sätt att faktorisera ett andragradspolynom och i slutet av detta kapitel finner vi 40 övningsexempel med tre alternativ. Dessutom kan en del koefficienter delas upp på olika sätt och samtidigt ge identiska svar. Läs mer om detta i nästa avsnitt, identiska binomen.

Tre olika sätt att lösa polynomet $6x^2 + 13x + 6$

Alt.1

Faktorregeln

$6x^2 + 13x + 6$

$6x^2$ delas upp i 3x/2x och 6 i 3/2. Enligt faktorregeln multipliceras den största faktorn i den första termen korsvis med den faktor i konstanttermen, vars produkt understiger och är närmast den mellersta koefficienten. Det innebär att 3x multipliceras med 3 eftersom $3x \cdot 3$ är närmare 13x än $3x \cdot 2$. Den mellersta koefficienten blir vid korsvis multiplikation av $3x \cdot 3 + 2x \cdot 2 = 13 x$. Faktorerna $(3x + 2)(2x + 3)$ är alltså bekräftade enligt nedan.

$6x^2 + 13x + 6$
$3x + 2$
$2x + 3 = 6x^2 + 13x + 6$.
∴ $6x^2 + 13x + 6 = (3x + 2)(2x + 3)$.

Alt.2

Delningsregeln

$6x^2 + 13x + 6$

Eftersom den mellersta koefficienten 13 är ett udda tal, har en udda faktor i den första termen multiplicerats korsvis med en udda faktor i den sista. Enligt delningsregeln delas $6x^2$ upp i 3x/2x och 6 i 3/2. De två udda faktorerna 3x och 3 multipliceras korsvis med 2x och 2 och vi får $3x \cdot 3 + 2x \cdot 2 = 13x$. Faktorerna $(3x + 2)(2x +3)$ är därmed bekräftade enligt nedan.

$6x^2 + 13x + 6$
$3x + 2$
$2x + 3 = 6x^2 + 13x + 6$
∴ $6x^2 + 13x + 6 = (3x +2)(2x + 3)$.

Delningsregeln hjälper oss inte bara med att dela upp koefficienterna, men den är också det bästa alternativet när den mellersta koefficienten är ett udda tal. Man multiplicerar bara de två udda faktorerna korsvis och faktorerna är bekräftade.
<u>Enklare kan det inte bli.</u>

Alt.3

Kombinera och multiplicera faktorerna

$6x^2 + 13x + 6$

$6x^2$ delas upp i 3x/2x, 6x/x och 6 i 3/2 och 6/1. Skriv alla faktorerna 3x/2x, 6x/x, 3/2, och 6/1 på en rad, kombinera och multiplicera korsvis enligt följande:
3x · 3 + 2x · 2 = 13x.

$6x^2 + 13x + 6$
3x + 2
2x + 3 = $6x^2 + 13x + 6$
∴ $6x^2 + 13x + 6 = (3x + 2)(2x + 3)$.

IDENTISKA BINOMEN

Ibland kan en koefficient delas upp på olika sätt och samtidigt ge rätt svar. Ett binom kan se annorlunda ut, men det kan likväl vara identiskt. Nedanstående exempel illustrerar att det finns flera alternativ.

Alt. 1

$4x^2 + 12x + 8$

$4x^2$ delas upp i 4x/x och 8 i 2/4. Multiplicera 4x med 2 eftersom 4x · 2 understiger 12x. Multiplicera korsvis 4x · 2 + x · 4 = 12x och vi får faktorerna:
(4x + 4)(x + 2).
$4x^2 + 12x + 8$
4x + 4
 x + 2 = $4x^2 + 12x + 8$
∴ $4x^2 + 12x + 8 = (4x + 4)(x + 2) = 4(x + 1)(x + 2)$.

Alt. 2

$4x^2 + 12x + 8$

$4x^2$ delas upp i 2x/2x och 8 i 2/4. Multiplicera 2x med 4 eftersom 2x · 4 understiger och är närmare 12x än 2x · 2. Multiplicera korsvis 2x · 4 + 2x · 2 = 12x och faktorerna blir (2x +2)(2x + 4) enligt nedan.

$4x^2 + 12x + 8$

2x + 2

$2x + 4 = 4x^2 + 12x + 8$

∴ $4x^2 + 12x + 8 = (2x + 2)(2x + 4) = 2(x + 1) \cdot 2(x + 2) = 4(x + 1)(x + 2)$.

Alt. 3

$4x^2 + 12x + 8$

$4x^2$ delas upp i 4x/x och 8 i 8/1. Multiplicera 4x med 1 eftersom 4x · 1 understiger och är närmare 12x än 4x · 8. Multiplicera korsvis 4x · 1 + x · 8 = 12x och vi får faktorerna (x + 1)(4x + 8).

$4x^2 + 12x + 8$

4x + 8

 x + 1 = $4x^2 + 12x + 8$

∴ $4x^2 + 12x + 8 = (x + 1)(4x + 8) = (x + 1) \cdot 4(x + 2) = 4(x + 1)(x + 2)$.

Låt oss ta ett par exempel till

Exempel 1

$12x^2 + 33x + 18$

$12x^2$ delas upp i 12x/x, 4x/3x, och 18 i 3/6 och 2/9. I dessa två exempel väljer vi för omväxlingens skull att kombinera och multiplicera faktorerna enligt följande: 4x · 6 + 3x · 3 = 33x och 12x · 2 + x · 9 = 33x. Vi multiplicerar korsvis 4x · 6 + 3x · 3 = 33x och 12x · 2 + x · 9 = 33x. (Så här evalueras den mellersta koefficienten och dessutom beräknar vi de andra koefficienterna). Vi får två identiska binomen enligt följande:

Alt. 1

$12x^2 + 33x + 18$

4x + 3

$3x + 6 = 12x^2 + 33x + 18$

∴ $12x^2 + 33x + 18 = (4x + 3)(3x + 6) = (4x + 3) \cdot 3(x + 2) = 3(4x + 3)(x + 2)$.

Alt. 2
$12x^2 + 33x + 18$
$12x + 9$
$x + 2 = 12x^2 + 33x + 18$
∴ $12x^2 + 33x + 18 = (12x + 9)(x + 2) = 3(4x + 3)(x + 2)$.

Exempel 2

$6x^2 + 24x + 18$
$6x^2$ delas upp i $3x/2x$, $6x/x$ och 18 i 3/6, 2/9.
Kombinera och multiplicera $3x \cdot 6 + 2x \cdot 3 = 24x$, $6x \cdot 3x + x \cdot 6 = 24x$ och $2x \cdot 9 + 3 \cdot 2 = 24x$. Multiplicera korsvis enligt nedan.

Alt. 1

$6x^2 + 24x + 18$
$3x + 3$
$2x + 6 = 6x^2 + 24x + 18$
∴ $6x^2 + 24x + 18 = (3x + 3)(2x + 6) = 3(x + 1) \cdot 2(x + 3) = 6(x + 1)(x + 3)$.

Alt. 2

$6x^2 + 24x + 18$
$6x + 6$
$x + 3 = 6x^2 + 24x + 18$
∴ $6x^2 + 24x + 18 = (6x + 6)(x + 3) = 6(x + 1)(x + 3)$.

Alt. 3

$6x^2 + 24x + 18$
$2x + 2$
$3x + 9 = 6x^2 + 24x + 18$
∴$6x^2 + 24x + 18 = (2x + 2)(3x + 9) = 2(x + 1) \cdot 3(x + 3) = 6(x + 1)(x + 3)$.

NÄR DEN ENA YTTERKOEFFICIENTEN ÄR 1

Att faktorisera ett polynom när den ena ytterkoefficienten är 1 är lätt. Eftersom den mellersta koefficienten är summan av två produkter påverkas inte produkten av ettorna i den ena termen och därför kan den andra koefficienten delas upp så att summan av faktorerna blir lika med den mellersta koefficienten enligt följande exempel:
$6x^2 + 5x + 1$.

$6x^2$ delas upp i 3x/2x och 1 i 1/1. Det går alltså inte att dela upp $6x^2$ i 6x/x för då blir den mellersta koefficienten inte 5x, utan 7x. Eftersom båda faktorerna i den sista termen är 1, spelar det ingen roll om man multiplicerar korsvis eller inte. Den mellersta koefficienten 5x är alltså summan av de två produkterna $3x \cdot 1 + 2x \cdot 1 = 5x$. Följaktligen är summan av 3x och 2x lika med den mellersta koefficienten 5x. Faktorerna blir således (3x+1)(2x+1) enligt nedan.

$6x^2 + 5x + 1$

$3x + 1$

$2x + 1 = 6x^2 + 5x + 1$

∴ $6x^2 + 5x + 1 = (3x+1)(2x+1)$.

Om polynomet innehåller plus och minus t.ex. $x^2 + 6x - 27$ delas x^2 upp i x/x och 27 i 3/9. Multiplicera korsvis $x \cdot 9 + x(-3) = 6x$ enligt nedan.

$x^2 + 6x - 27$

$x + 9$

$x - 3 = x^2 + 6x - 27$

∴ $x^2 + 6x - 27 = (x+9)(x-3)$.

Samma förhållande gäller i ett tredje-, fjärde-, och femtegradspolynom om en av ytterkoefficienterna är 1. På liknande sätt delar man upp den andra koefficienten i ett tredjegradspolynom så att summan av de tre faktorerna blir densamma som koefficienten för x^2, motsvarande x^3 i ett fjärdegradspolynom och x^4 i ett femtegradspolynom Läs mer om detta i kapitel 3 som handlar om tredjegradspolynom.

ANDRAGRADSEKVATIONER SOM KAN LÖSAS MED FAKTORISERING

En ekvation beskriver att två matematiska uttryck på vardera sidan om likhetstecknet är varandras motsvarighet (6 + 4 = 10). Vi löser följande ekvation:

$x^2 - 4x - 12 = 0$ Se sida 35: När den ena ytterkoefficienten är 1.

Ekvationens vänstra led faktoriseras genom att x^2 delas upp i x/x och 12 i 2/6 eftersom den mellersta koefficienten är ett jämnt tal.

För att den mellersta koefficienten skall bli – 4x efter korsvis multiplikation, måste det ena binomet vara x + 2 och det andra x – 6 enligt följande:

$x^2 - 4x - 12$

x + 2

x – 6 = $x^2 - 4x - 12$

Det vänstra ledet = (x + 2)(x – 6) och det högra ledet = 0.

(x + 2)(x – 6) = 0.

Det enda sättet för en produkt att bli 0 är att en av faktorerna är 0. Eftersom vi vet att produkten är 0, så måste det i detta exempel gälla att antingen är (x + 2) = 0 eller också är (x – 6) = 0.

Vi använder detta i vår ekvation (x + 2)(x – 6) = 0.
Den första faktorn = 0 ger x + 2 = 0 d.v.s. x = – 2.
Den andra faktorn = 0 ger x – 6 = 0 d.v.s. x = 6.
Andragradsekvationens lösning består av rötterna x_1 = – 2, x_2 = 6.
Att de båda rötterna är de rätta kan kontrolleras genom prövning.

Insättning av x = – 2 i ekvationen (x + 2)(x – 6) = 0 ger det vänstra ledet
VL = (–2 + 2)(– 2 – 6) = – 8 · 0 = 0.
Det högra ledet HL = 0.

Insättning av x = 6 ger det vänstra ledet VL = (6 + 2)(6 – 6) = 8 · 0 = 0.
Det högra ledet HL = 0.

Vi ser att värdet av ekvationens vänstra led är lika med värdet av ekvationens högra led. Lösningarna x = – 2 och x = 6 satisfierar ekvationen.
Svaret skrivs normalt med ett fotindex.

x_1 = – 2, x_2 = 6.

Vi löser några ekvationer från kapitel 1

Exempel 1

Lös ekvationen $3x^2 + 13x + 12 = 0$ (ex.11 kap.1)
Ekvationens vänstra led faktoriseras och $3x^2$ delas upp i $3x/x$ och 12 i 3/4. Eftersom den mellersta koefficienten 13 är ett udda tal, har en udda faktor i den första termen multiplicerats korsvis med en udda faktor i den sista termen. För att den mellersta koefficienten skall bli 13, multipliceras $3x \cdot 3 + x \cdot 4$ korsvis och vi får faktorerna $(3x + 4)(x + 3)$ enligt följande;
$3x^2 + 13x + 12$
$3x + 4$
 $x + 3 = 3x^2 + 13x + 12$

Det vänstra ledet $= (3x + 4)(x + 3)$ och det högra ledet $= 0$.
$(3x + 4)(x + 3) = 0$.
Den första faktorn är $= 0$ ger $3x + 4 = 0$, d.v.s. $x_1 = -4/3$.
Den andra faktorn är $= 0$ ger $x + 3 = 0$, d.v.s. $x_2 = -3$.
∴ $x_1 = -4/3$, $x_2 = -3$.

Exempel 2

Lös ekvationen $2x^2 - 16x + 14 = 0$ (ex.16 kap.1)
Ekvationens vänstra led faktoriseras och $2x^2$ delas upp i $2x/x$ och 14 i 2/7. Eftersom den mellersta koefficienten är negativ och konstanttermen positiv, måste både 2 och 7 ha ett minustecken. Multiplicera $2x$ med -7 eftersom $2x(-7)$ är närmare $-16x$ än $2x(-2)$. Multiplicera därför korsvis $2x(-7) + x(-2) = -16x$ och faktorerna blir $(2x - 2)$ och $(x - 7)$ enligt nedan.
$2x^2 - 16x + 14$
$2x - 2$
 $x - 7 = 2x^2 - 16x + 14$

Det vänstra ledet $= (2x - 2)(x - 7)$ och det högra ledet $= 0$.
$(2x - 2)(x - 7) = 0$.
Den första faktorn $= 0$ ger $2x - 2 = 0$, d.v.s. $x_1 = 1$.
Den andra faktorn $= 0$ ger $x - 7 = 0$, d.v.s. $x_2 = 7$.
∴ $x_1 = 1$, $x_2 = 7$.

Exempel 3

Lös ekvationen $6x^2 + 17x + 12 = 0$ (ex. 20 kap. 1)

Ekvationens vänstra led faktoriseras och $6x^2$ delas upp i 3x/2x och 12 i 3/4 eftersom den mellersta koefficienten 17 är ett udda tal. Vi multiplicerar de två udda faktorerna $3x \cdot 3$ med $2x \cdot 4$ korsvis och faktorerna blir $(3x+4)(2x+3)$ enligt nedan.

$6x^2 + 17x + 12$

$3x + 4$

$2x + 3 = 6x^2 + 17x + 12$

Det vänstra ledet = $(3x + 4)(2x + 3)$ och det högra ledet = 0.

$(3x + 4)(2x + 3) = 0$.

Den första faktorn = 0 ger $3x + 4 = 0$, d.v.s. $x_1 = -4/3$.

Den andra faktorn = 0 ger $2x + 3 = 0$, d.v.s. $x_2 = -3/2$.

$\therefore x_1 = -4/3, x_2 = -3/2$.

Jämför gärna hur dessa ekvationer löses med en formel.

ANDRAGRADSEKVATIONER KAN LÖSAS MED HUVUDRÄKNING

Det är enkelt att lösa andragradsekvationer med huvudräkning om man kan delningsregeln och faktorregeln. Kom ihåg att kontrollera om den mellersta koefficienten är ett jämnt eller ett udda tal. Som övning har vi valt att använda de fyra första exemplen från kapitel 1.

Exempel 1 $2x^2 + 17x + 8 = 0$

I tankarna multipliceras 2x korsvis med 8. Visualisera noga uppställningen nedan och låt den fastna på näthinnan. $x_1 = -1/2$, $x_2 = -8$.
$2x^2 + 17x + 8 = 0$
$2x + 1$
$x + 8$

Vid huvudräkning är det oftast lättare att använda faktorregeln även när den mellersta koefficienten är ett udda tal. Efter varje exempel visas också hur ekvationen löses med hjälp av faktorisering.

$2x^2 + 17x + 8 = 0$

Ekvationens vänstra led faktoriseras genom att $2x^2$ delas upp i 2x/x och 8 i 8/1 eftersom den mellersta koefficienten är ett udda tal. Delningsregeln tillämpas och de två udda faktorerna x och 1 multipliceras korsvis med 2x och 8. Enligt nedan får vi faktorerna (2x +1)(x + 8).
$2x^2 + 17x + 8$
$2x + 1$
 $x + 8 = 2x^2 + 17x + 8$

Det vänstra ledet = (2x + 1)(x + 8) och det högra ledet = 0.
(2x + 1)(x + 8) = 0.
Den första faktorn = 0 ger 2x + 1 = 0, d.v.s. $x_1 = -1/2$.
Den andra faktorn = 0 ger x + 8 = 0, d.v.s. $x_2 = -8$.
$x_1 = -1/2$, $x_2 = -8$.

Observera att produkten av täljarna i rötterna är lika med konstanttermen 8 och att produkten av nämnarna i rötterna är lika med den första koefficienten 2. Detta gäller innan man eventuellt utför en förkortning. Om vi t.ex. har 4x + 2 får värdet på x inte förkortas förrän i svaret.

I täljare och nämnare får vi: $\frac{1 \cdot 8}{2 \cdot 1}$

Det är alltså samma mönster vi ser när vi utför korsvis multiplikation och får fram den mellersta koefficienten.

Exempel 2 $2x^2 + 7x + 5 = 0$

I tankarna multipliceras 2x korsvis med 1. $x_1 = -1$, $x_2 = -5/2$.
$2x^2 + 7x + 5$
$2x + 5$
$x + 1$

$2x^2 + 7x + 5 = 0$

Ekvationens vänstra led faktoriseras och $2x^2$ delas upp i 2x/x och 5 i 5/1. För att den mellersta koefficienten 7 inte skall överstigas, multiplicerar vi 2x med 1 d.v.s. $2x \cdot 1 + x \cdot 5 = 7x$. Faktorerna blir (2x + 5) (x + 1) enligt nedan.
$2x^2 + 7x + 5$
$2x + 5$
 $x + 1 = 2x^2 + 7x + 5$

Det vänstra ledet = (2x + 5)(x + 1) och det högra ledet = 0.
(2x + 5)(x + 1) = 0.
Den första faktorn = 0 ger 2x + 5 = 0, d.v.s. $x_1 = -5/2$.
Den andra faktorn = 0 ger x + 1 = 0, d.v.s. $x_2 = -1$.

∴ $x_1 = -5/2$, $x_2 = -1$.

Exempel 3 $3x^2 + 14x + 8 = 0$

I tankarna multipliceras 3x korsvis med 4 och $x_1 = -2/3$, $x_2 = -4$.
$3x^2 + 14x + 8$
$3x + 2$
$x + 4$

$3x^2 + 14x + 8 = 0$

Ekvationens vänstra led faktoriseras och $3x^2$ delas upp i 3x/x och 8 i 2/4 eftersom 14x är ett jämnt tal. Korsmultiplicera 3x med 4 och x med 2 och vi får faktorerna enligt följande: $(3x + 2)(x + 4)$.
$3x^2 + 14x + 8$
$3x + 2$
$x + 4 = 3x^2 + 14x + 8$

Det vänstra ledet = $(3x + 2)(x + 4)$ och det högra ledet = 0.
$(3x + 2)(x + 4) = 0$.
Den första faktorn = 0 ger $3x + 2 = 0$, d.v.s. $x_1 = -2/3$.
Den andra faktorn = 0 ger $x + 4 = 0$, d.v.s. $x_2 = -4$.
∴ $x_1 = -2/3$, $x_2 = -4$.

Exempel 4 $4x^2 + 18x + 8 = 0$

I tankarna multipliceras 4x korsvis med 4 och $x_1 = -4$ och $x_2 = -1/2$.
enligt följande:
$4x^2 + 18x + 8$
$4x + 2$
$x + 4$

$4x^2 + 18x + 8 = 0$

Ekvationens vänstra led faktoriseras och $4x^2$ delas upp i 4x/x och 8 i 2/4 eftersom 18x är ett jämnt tal. Vi multiplicerar $4x \cdot 4 + x \cdot 2$ korsvis och enligt nedan får vi faktorerna $(4x + 2)(x + 4)$.
$4x^2 + 18x + 8$
$4x + 2$
$x + 4 = 4x^2 + 18x + 8$

Det vänstra ledet $= (4x + 2)(x + 4)$ och det högra ledet $= 0$.
$(4x + 2)(x + 4) = 0$.
Den första faktorn $= 0$ ger $4x + 2 = 0$, d.v.s. $x_1 = -1/2$.
Den andra faktorn $= 0$ ger $x + 4 = 0$, d.v.s. $x_2 = -4$.
$\therefore x_1 = -1/2,\ x_2 = -4$.

KVADRATKOMPLETTERING

I stället för att använda en formel kan alla andragradsekvationer lösas med hjälp av kvadratkomplettering. Det innebär att ett andragradspolynom skrivs om till en kvadratisk form. Man lägger helt enkelt till en "kvadrat" på båda sidor om likhetstecknet till en ekvation. Anledningen till att man gör det är för att sedan faktorisera det vänstra ledet i ekvationen med hjälp av en kvadreringsregel och därefter lösa ekvationen. För att lösa en andragradsekvation måste man se till att koefficienten framför x^2-termen är lika med 1. Vi tar några få exempel.

Exempel 1

$x^2 + 6x - 16 = 0$. Vi lägger till 16 på båda sidor om likhetstecknet.
$x^2 + 6x - 16 + 16 = 0 + 16$
$x^2 + 6x = 16$

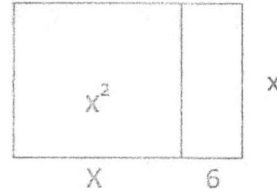

För att klargöra vad kvadratkomplettering innebär gör vi en geometrisk tolkning av andragradsekvationen. I figuren har vi en rektangel som består av två delar, en kvadrat x^2 där höjd och bredd är x och en rektangel där bredden är 6 och höjden x. Den totala arean är $x^2 + 6x = 16$.

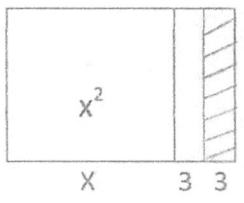

Vi delar den lilla rektangeln så att arean i varje del är $3 \cdot x$. Den markerade delen, som är lika lång som sidorna i kvadraten, flyttar vi ovanpå kvadraten x^2 enligt nästa figur.

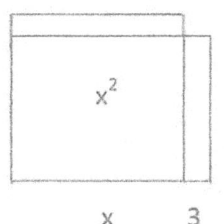

Vi har fått en ny figur som nästan är en kvadrat, men med samma area som tidigare, nämligen 16.

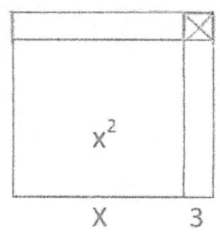
För att få en kvadrat lägger vi till en liten kvadrat och det är så man har fått namnet kvadratkomplettering. Man kompletterar med en liten kvadrat som är 3^2, som läggs till på båda sidor om likhetstecknet. Arean på den nya kvadraten blir x^2 plus 6x d.v.s. de två rektanglarna (3 · x + 3 · x) plus den lilla kvadraten 3^2.

Den totala arean på den nya kvadraten blir: $x^2 + 6x + 3^2 = 16 + 3^2 = 25$. Den lilla kvadraten 3^2 är hälften av den mellersta koefficienten 6 i kvadrat. Längden på den nya kvadraten är x + 3 och eftersom det är en kvadrat blir bredden också x + 3. Vi multi- multiplicerar längden x + 3 med bredden x + 3 och får:
$(x + 3)^2 = x^2 + 6x + 9$.

Med hjälp av kvadreringsregeln $(a + b)^2 = a^2 + 2ab + b^2$ faktoriseras det vänstra ledet $x^2 + 6x + 9$ och vi får:
$(x + 3)^2 = 25$
$x + 3 = \pm\sqrt{25}$
$x + 3 = \pm 5$
$\therefore x_1 = -8, x_2 = 2$.

Exempel 2

$x^2 + 4x - 5 = 0$. Vi lägger till 5 på båda sidor om likhetstecknet och får:
$x^2 + 4x - 5 + 5 = 0 + 5$
$x^2 + 4x = 5$

På båda sidor om likhetstecknet kompletterar vi med en liten kvadrat 2^2 och får:
$x^2 + 4x + 2^2 = 5 + 2^2$
$x^2 + 4x + 4 = 9 = (x + 2)^2$

Med hjälp av kvadreringsregeln faktoriseras det vänstra ledet.
$(x + 2)^2 = 9$
$x + 2 = \pm\sqrt{9}$
$x + 2 = \pm 3$
$\therefore x_1 = -5, x_2 = 1$.

Exempel 3 (se ex.19 kap.1)

$x^2 + 4x - 3 = 0$. Vi lägger till 3 på båda sidor om likhetstecknet och får:
$x^2 + 4x - 3 + 3 = 0 + 3$
$x^2 + 4x = 3$

På båda sidor om likhetstecknet kompletterar vi med en liten kvadrat 2^2 och vi får:
$x^2 + 4x + 2^2 = 3 + 2^2$
$x^2 + 4x + 4 = 7$. $(x^2 + 4x + 4) = (x + 2)^2$

Med hjälp av kvadreringsregeln $(a+b)^2 = a^2 + 2ab + b^2$ faktoriseras det vänstra ledet.
$(x + 2)^2 = 7$
$x + 2 = \sqrt{7}$
$x_1 = -2 + \sqrt{7}$, $x_2 = -2 - \sqrt{7}$.

ÖVNINGAR MED SVAR 1- 40

Alt. 1 Faktorregeln används när den mellersta koefficienten är ett jämnt tal.
Alt. 2 Delningsregeln används när den mellersta koefficienten är ett udda tal.
Alt. 3 Kombinera och multiplicera faktorerna i den första och sista termen.

Delningsregeln måste först tillämpas för att dela upp koefficienterna och tillsammans med den mellersta koefficienten spelar de en central roll när man skall faktorisera. Koefficienterna kan ibland delas upp på många olika sätt och samtidigt ge rätt svar. Se sid. 32 - identiska binomen. Försök först att lösa exemplen och kontrollera svaret genom vertikal och korsvis multiplikation. På nästa sida visar vi även hur man faktoriserar enligt den vediska metoden.

Exempel 1 $3x^2 + 25x + 8$

Alt. 2

$x \cdot 1$

$3x^2$ delas upp i $3x/x$ och 8 i 1/8 eftersom den mellersta koefficienten 25 är ett udda tal. Korsmultiplicera de två udda faktorerna x och 1 och faktorerna $(3x+1)(x+8)$ är givna.

Alt. 3

$3x \cdot 8 + x \cdot 1 = 25x$.

$3x^2 + 25x + 8$
$3x + 1$
$x + 8 = 3x^2 + 25x + 8$ ∴ $3x^2 + 25x + 8 = (3x+1)(x+8)$.

<u>Ta en genväg – använd delningsregeln när den mellersta koefficienten är ett udda tal.</u>

En annan fördel med att använda delningsregeln när den mellersta koefficienten är ett udda tal, är att den dessutom frigör faktorregeln från några få undantag. Detta inträffar då faktorerna i ytterkoefficienterna är närmaste grannar t.ex. 4x/3x och 3/2 samtidigt som skillnaden mellan ytterkoefficienterna är stor, t.ex. $12x^2 + 17x + 6$. Om faktorregeln används i detta exempel skulle den mellersta koefficienten bli 18x.

<u>För att undvika dessa få undantag bör faktorregeln bara användas när den mellersta koefficienten är ett jämnt tal.</u>

Den vediska metoden bygger på proportionalitet.

$3x^2 + 25x + 8$

Vi delar den mellersta koefficienten 25 upp i 24/1. Delarna kombineras med de andra koefficienterna vilket utmynnar i två likvärda kvoter. Denna kvot 3 : 1 ger oss den första faktorn (3x + 1) och den andra faktorn fås om delarna används i omvänd ordning och kvoten 3 : 24 ger oss den andra faktorn (x + 8).

$3x^2 + 25x + 8 = 3 : 1 = 24 : 8$
$3x^2 + 25x + 8 = 3 : 24 = 1 : 8$ ∴ $3x^2 + 25x + 8 = (3x + 1)(x + 8)$.

Inom matematiken är proportion och förhållande fundamentala begrepp och många beräkningar kan ofta förenklas med hjälp av formeln proportionalitet. Denna utökar variationsmöjligheterna för de multiplikations- och divisionsmetoder vi har och sätter samtidigt en krydda på det nöje som uppstår i själva huvudräkningsmomentet.

Exempel a) 435 ÷ 5 = 870 ÷ 10 = 87   Fördubbla är lättare än att dividera med 5.
Exempel b) 35 x 42 = 70 x 21 = 1470   Fördubbling och halvering leder till multiplikation av mindre tal.

Exempel 2 $2x^2 + 10x + 8$

Alt. 1

$2x^2$ delas upp i 2x/x och 8 i 2/4 eftersom 10x är ett jämnt tal. Multiplicera den första och största faktorn 2x korsvis med den faktor i konstanttermen, vars produkt understiger och är närmast den mellersta koefficienten d.v.s. 4 och vi får faktorerna (2x + 2)(x + 4).

Alt. 3

Kombinera och korsmultiplicera 2x, x, 2, 4 och vi får 2x · 4 + x · 2 = 10x.

$2x^2 + 10x + 8$
$2x + 2$
$x + 4 = 2x^2 + 10x + 8$. ∴ $2x^2 + 10x + 8 = (2x + 2)(x + 4)$.

Exempel 3 $12x^2 + 17x + 6$
Alt. 2
$3x \cdot 3$
$12x^2$ delas upp i 4x/3x och 6 i 2/3. Vi placerar $3x \cdot 3$ korsvis och därmed är bägge faktorerna (4x +3)(3x + 2) givna.
Alt. 3
$3x \cdot 3 + 4x \cdot 2 = 17x$.

$12x^2 + 17x + 6$
$4x + 3$
$3x + 2 = 12x^2 + 17x + 6$. $\therefore 12x^2 + 17x + 6 = (4x+3)(3x+2)$.

Exempel 4 $5x^2 + 22x + 8$
Alt. 1
$5x^2$ delas upp i 5x/x och 8 i 2/4 eftersom 22x är ett jämnt tal. Multiplicera 5x med 4 eftersom $5x \cdot 4$ är lägre och närmare 22x än $5x \cdot 2$. Korsmultiplicera $5x \cdot 4 + x \cdot 2 = 22x$ och vi får faktorerna (5x +2)(x + 4).
Alt. 3
$5x \cdot 4 + x \cdot 2 = 22x$.

$5x^2 + 22x + 8$
$5x + 2$
$x + 4 = 5x^2 + 22x + 8$. $\therefore 5x^2 + 22x + 8 = (5x+2)(x+4)$.

Exempel 5 $5x^2 + 21x + 18$
Alt. 2
$5x \cdot 3$
$5x^2$ delas upp i 5x/x och 18 i 3/6. Multiplicera de två udda faktorerna 5x och 3 korsvis och faktorerna (5x + 6)(x + 3) är givna.
Alt. 3
$5x \cdot 3 + x \cdot 6 = 21x$.

$5x^2 + 21x + 18$
$5x + 6$
$x + 3 = 5x^2 + 21x + 18$. $\therefore 5x^2 + 21x + 18 = (5x+6)(x+3)$.

Exempel 6 $5x^2 - x - 18$

Alt. 2

$x \cdot 9$

$5x^2$ delas upp i $5x/x$ och 18 i 2/9. De två udda faktorerna x och 9 multipliceras korsvis och faktorerna $(5x + 9)(x - 2)$ är givna.

Alt. 3

$5x(-2) + x \cdot 9 = -x.$

$5x^2 - x - 18$
$5x + 9$
$ x - 2 = 5x^2 - x - 18.$ $\therefore 5x^2 - x - 18 = (5x + 9)(x - 2).$

Exempel 7 $4x^2 + 12x + 8$

Alt. 1

$4x^2$ delas upp i $4x/x$ och 8 i 2/4. Multiplicera 4x korsvis med 2 eftersom $4x \cdot 2$ understiger 12x och faktorerna är $(4x + 4)(x + 2)$.

Alt. 3

$4x \cdot 2 + x \cdot 4 = 12x.$

$4x^2 + 12x + 8$
$4x + 4$
$ x + 2 = 4x^2 + 12x + 8.$ $\therefore 4x^2 + 12x + 8 = (4x + 4)(x + 2).$

Exempel 8 $4x^2 - 14x + 6$

Alt. 1

$4x^2$ delas upp i $4x/x$ och 6 i 2/3. Multiplicera 4x korsvis med -3 eftersom $4x(-3)$ är närmare $-14x$ än $4x(-2)$.

Alt. 3

$4x(-3) + x(-2) = -14x.$

$4x^2 - 14x + 6$
$4x - 2$
$ x - 3 = 4x^2 - 14x + 6.$ $\therefore 4x^2 - 14x + 6 = (4x - 2)(x - 3).$

Exempel 9 $7x^2 + 18x + 8$

Alt. 1

$7x^2$ delas upp i 7x/x och 8 i 2/4. Multiplicera 7x korsvis med 2 eftersom 7x · 2 understiger 18x och faktorerna är (7x + 4)(x + 2).

Alt. 3

$7x \cdot 2 + x \cdot 4 = 18x$.

$7x^2 + 18x + 8$
$7x + 4$
$x + 2 = 7x^2 + 18x + 8$. ∴ $7x^2 + 18x + 8 = (7x + 4)(x + 2)$.

Exempel 10 $x^2 + 13x - 48$ Se sid. 35: När den ena ytterkoefficienten är 1

Alt. 2

x(−3)

Vi delar x^2 upp i x/x och 48 i 3/16 och faktorerna blir (x + 16)(x − 3).

Alt. 3

$x(-3) + x \cdot 16 = 13x$.

$x^2 + 13x - 48$
$x + 16$
$x - 3 = x^2 + 13x - 48$ ∴ $x^2 + 13x - 48 = (x + 16)(x - 3)$.

Exempel 11 $6x^2 + 5x + 1$ Se sid. 35: När den ena ytterkoefficienten är 1

Alt. 2

3x · 1

Vi delar upp $6x^2$ i 3x/2x och 1 i 1/1 och faktorerna blir (2x + 1)(3x + 1).

Alt. 3

$2x \cdot 1 + 3x \cdot 1 = 5x$.

$6x^2 + 5x + 1$
$2x + 1$
$3x + 1 = 6x^2 + 5x + 1$ ∴ $6x^2 + 5x + 1 = (2x + 1)(3x + 1)$.

Exempel 12 $6x^2 + 20x + 14$

Alt. 1

$6x^2$ delas upp i 3x/2x och 14 i 2/7. Korsmultiplicera 3x med 2 eftersom 3x · 2 understiger 20x och vi får faktorerna (3x+7)(2x + 2).

Alt. 3

$3x \cdot 2 + 2x \cdot 7 = 20x$.

$6x^2 + 20x + 14$
$3x + 7$
$2x + 2 = 6x^2 + 20x + 14$ ∴ $6x^2 + 20x + 14 = (3x +7)(2x + 2)$.

Exempel 13 $10x^2 - 16x + 6$

Alt. 1

$10x^2$ delas upp i 5x/2x och 6 i 2/3. Multiplicera 5x korsvis med −2 eftersom 5x(−2) är närmast − 16x. OBS! 5x(−3) ligger för nära −16x. Faktorerna blir således (5x − 3)(2x − 2).

Alt. 3

$5x(-2) + 2x(-3) = -16x$.

$10x^2 - 16x + 6$
$5x - 3$
$2x - 2 = 10x^2 - 16x + 6$ ∴ $10x^2 - 16x + 6 = (5x - 3)(2x - 2)$.

Exempel 14 $4x^2 + 14x + 6$

Alt. 1

$4x^2$ delas upp i 4x/x och 6 i 2/3. Korsmultiplicera 4x med 3 då 4x · 3 är närmare 14x än 4x · 2. Faktorerna är 4x + 2)(x + 3).

Alt. 3

$4x \cdot 3 + x \cdot 2 = 14x$.

$4x^2 + 14x + 6$
$4x + 2$
$x + 3 = 4x^2 + 14x + 6$ ∴ $4x^2 + 14x + 6 = (4x + 2)(x + 3)$.

Exempel 15 $6x^2 + 19x + 14$

Alt. 2

$x \cdot 7$

$6x^2$ delas upp i $6x/x$ och 14 i 2/7 och vi får faktorerna $(6x+7)(x+2)$.

Alt. 3

$6x \cdot 2 + x \cdot 7 = 19x$.

$6x^2 + 19x + 14$
$6x + 7$
$\quad x + 2 = 6x^2 + 19x + 14 \quad \therefore 6x^2 + 19x + 14 = (6x+7)(x+2)$.

Exempel 16 $2x^2 - 16x + 14$

Alt. 1

Vi delar $2x^2$ upp i $2x/x$ och 14 i 2/7. Korsmultiplicera $2x$ med -7 då $2x(-7)$ är närmare $-16x$ än $2x(-2)$. Faktorerna är $(2x-2)(x-7)$.

Alt. 3

$2x(-7) + x(-2) = -16x$.

$2x^2 - 16x + 14$
$2x - 2$
$\quad x - 7 = 2x^2 - 16x + 14 \quad \therefore 2x^2 - 16x + 14 = (2x-2)(x-7)$.

Exempel 17 $6x^2 + 7x - 3$

Alt. 2

$3x \cdot 3$

$6x^2$ delas upp i $3x/2x$ och 3 i 3/1 och faktorerna blir $(3x-1)(2x+3)$.

Alt. 3

$3x \cdot 3 + 2x(-1) = 7x$.

$6x^2 + 7x - 3$
$3x - 1$
$\quad 2x + 3 = 6x^2 + 7x - 3 \quad \therefore 6x^2 + 7x - 3 = (3x-1)(2x+3)$.

Exempel 18 $4x^2 - 12x + 8$

Alt. 1

$4x^2$ delas upp i 4x/x och 8 i 2/4. Multiplicera 4x korsvis med −2 eftersom 4x(−2) är närmast och under −12x än 4x(−4).
Faktorerna är således $(4x-4)(x-2)$.

Alt. 3

$4x(-2) + x(-4) = -12x$.

$4x^2 - 12x + 8$
$4x - 4$
$x - 2 = 4x^2 - 12x + 8 \quad \therefore 4x^2 - 12x + 8 = (4x-4)(x-2)$.

Exempel 19 $5x^2 + 17x + 14$

Alt. 2

x · 7

$5x^2$ delas upp i 5x/x och 14 i 2/7 och faktorerna blir $(5x+7)(x+2)$.

Alt. 3

$5x \cdot 2 + x \cdot 7 = 17x$.

$5x^2 + 17x + 14$
$5x + 7$
$x + 2 = 5x^2 + 17x + 14 \quad \therefore 5x^2 + 17x + 14 = (5x+7)(x+2)$.

Exempel 20 $2x^2 - 4x - 30$

Alt. 1

$2x^2$ delas upp i 2x/x och 30 i 5/6. Multiplicera 2x med −5 eftersom 2x(−5) är närmare −4x än 2x(−6). Korsmultiplicera och faktorerna är $(x-5)(2x+6)$.

Alt. 3

$2x(-5) + x \cdot 6 = -4x$.

$2x^2 - 4x - 30$
$2x + 6$
$x - 5 = 2x^2 - 4x - 30 \quad \therefore 2x^2 - 4x - 30 = (2x+6)(x-5)$.

Exempel 21 $2x^2 + 7x + 5$
Alt. 2
$x \cdot 5$
$2x^2$ delas upp i $2x/x$ och 5 i 5/1 och faktorerna blir $(x + 1)(2x + 5)$.
Alt. 3
$2x \cdot 1 + x \cdot 5 = 7x$.

$2x^2 + 7x + 5$
$x + 2$
$x + 1 = 2x^2 + 7x + 5$ ∴ $2x^2 + 7x + 5 = (2x + 5)(x + 1)$.

När den mellersta koefficienten är summan av ytterkoefficienterna är den ena faktorn $(x + 1)$. I detta exempel är den andra faktorn $(2x + 5)$.

Exempel 22 $3x^2 - 10x - 8$
Alt. 1
$3x^2$ delas upp i $3x/x$ och 8 i 2/4. Multiplicera $3x$ korsvis med -4 eftersom $3x(-4)$ är <u>närmare</u> $-10x$ än $3x(-2)$. Faktorerna är $(3x + 2)$ och $(x - 4)$.
Alt. 3
$3x(-4) + x \cdot 2 = -10x$.

$3x^2 - 10x - 8$
$3x + 2$
$x - 4 = 3x^2 - 10x - 8$ ∴ $3x^2 - 10x - 8 = (3x + 2)(x - 4)$.

Exempel 23 $8x^2 + 2x - 15$
Alt. 1
$8x^2$ delas upp i $4x/2x$ och 15 i 3/5. Korsmultiplicera $4x$ med 3 eftersom $4x \cdot 3$ är <u>närmare</u> $2x$ än $4x \cdot 5$. Faktorerna blir $(4x - 5)(2x + 3)$.
Alt. 3
$4x \cdot 3 + 2x(-5) = 2x$

$8x^2 + 2x - 15$
$4x - 5$
$2x + 3 = 8x^2 + 2x - 15$ ∴ $8x^2 + 2x - 15 = (4x - 5)(2x + 3)$.

Exempel 24 $3x^2 + 5x - 8$

$3x(-1)$

$3x^2$ delas upp i $3x/x$ och 8 i $8/1$ och faktorerna blir $(3x+8)(x-1)$
Alt. 3

$3x(-1) + x \cdot 8 = 5x$.

$3x^2 + 5x - 8$

$3x + 8$

$x - 1 = 3x^2 + 5x - 8 \quad \therefore 3x^2 + 5x - 8 = (3x+8)(x-1)$.

Exempel 25 $6x^2 - 7x - 3$

$3x(-3)$

$6x^2$ delas upp i $3x/2x$ och 3 i $3/1$. Faktorerna är $(3x+1)(2x-3)$.
Alt. 3

$3x(-3) + 2x \cdot 1 = -7x$.

$6x^2 - 7x - 3$

$3x + 1$

$2x - 3 = 6x^2 - 7x - 3 \quad \therefore 6x^2 - 7x - 3 = (3x+1)(2x-3)$.

Exempel 26 $2x^2 + x - 6$

$x(-3)$

$2x^2$ delas upp i $2x/x$ och 6 i $3/2$ och faktorerna är $(2x-3)(x+2)$.
Alt. 3

$2x \cdot 2 + x(-3) = x$.

$2x^2 + x - 6$

$2x - 3$

$x + 2 = 2x^2 + x - 6 \quad \therefore 2x^2 + x - 6 = (2x-3)(x+2)$.

Exempel 27 $2x^2 + 11x + 12$

$x \cdot 3$

$2x^2$ delas upp i $2x/x$ och 12 i $3/4$ och faktorerna är $(2x+3)(x+4)$.
Alt. 3

$2x \cdot 4 + x \cdot 3 = 11x$.

$2x^2 + 11x + 12$

$2x + 3$

$x + 4 = 2x^2 + 11x + 12 \quad \therefore 2x^2 + 11x + 12 = (2x+3)(x+4)$.

Exempel 28 $2x^2 + 9x + 4$

$x \cdot 1$

Vi delar upp $2x^2$ i $2x/x$ och 4 i 4/1 och faktorerna är $(2x + 1)(x + 4)$.
Alt. 3

$2x \cdot 4 + x \cdot 1 = 9x$.

$2x^2 + 9x + 4$
$2x + 1$
$x + 4 = 2x^2 + 9x + 4 \quad \therefore 2x^2 + 9x + 4 = (2x + 1)(x + 4)$.

Exempel 29 $6x^2 + 17x + 12$

$3x \cdot 3$

$6x^2$ delas upp i $3x/2x$ och 12 i 4/3. Faktorerna är $(3x + 4)(2x + 3)$.
Alt. 3

$3x \cdot 3 + 2x \cdot 4 = 17x$.

$6x^2 + 17x + 12$
$3x + 4$
$2x + 3 = 6x^2 + 17x + 12 \quad \therefore 6x^2 + 17x + 12 = (3x + 4)(2x + 3)$.

Exempel 30 $4x^2 + 15x + 9$

$x \cdot 3$

$4x^2$ delas upp i $4x/x$ och 9 i 3/3 och vi får faktorerna är $(4x + 3)(x + 3)$.
Alt. 3

$4x \cdot 3 + x \cdot 3 = 15x$.

$4x^2 + 15x + 9$
$4x + 3$
$x + 3 = 4x^2 + 15x + 9 \quad \therefore 4x^2 + 15x + 9 = (4x + 3)(x + 3)$.

Exempel 31 $3x^2 + 13x + 12$

$3x \cdot 3$

Vi delar upp $3x^2$ i $3x/x$ och 12 i 4/3. Faktorerna är $(3x + 4)(x + 3)$.
Alt. 3

$3x \cdot 3 + x \cdot 4 = 13x$.

$3x^2 + 13x + 12$
$3x + 4$
$x + 3 = 3x^2 + 13x + 12 \quad \therefore 3x^2 + 13x + 12 = (3x + 4)(x + 3)$.

Exempel 32 $12x^2 + 13x + 3$

$3x \cdot 3$
$12x^2$ delas upp i 4x/3x och 3 i 3/1. Faktorerna är $(3x+1)(4x+3)$.
Alt. 3
$3x \cdot 3 + 4x \cdot 1 = 13x$.

$12x^2 + 13x + 3$
$4x + 3$
$3x + 1 = 12x^2 + 13x + 3$ ∴ $12x^2 + 13x + 3 = (4x+3)(3x+1)$.

Exempel 33 $5x^2 + 16x + 12$

Vi delar upp $5x^2$ i 5x/x och 12 i 2/6. Multiplicera 5x korsvis med 2 då
$5x \cdot 2$ understiger 16x och faktorerna är $(5x+6)$ och $(x+2)$.
Alt. 3
$5x \cdot 2 + x \cdot 6 = 16x$.

$5x^2 + 16x + 12$
$5x + 6$
$x + 2 = 5x^2 + 16x + 12$ ∴ $5x^2 + 16x + 12 = (5x+6)(x+2)$.

Exempel 34 $3x^2 + 11x + 6$

$3x \cdot 3$
$3x^2$ delas upp i 3x/x och 6 i 3/2 och vi får faktorerna $(3x+2)(x+3)$.
Alt. 3
$3x \cdot 3 + x \cdot 2 = 11x$.

$3x^2 + 11x + 6$
$3x + 2$
$x + 3 = 3x^2 + 11x + 6$ ∴ $3x^2 + 11x + 6 = (3x+2)(x+3)$.

Exempel 35 $6x^2 + 13x + 6$

$3x \cdot 3$

Vi delar upp $6x^2$ i $3x/2x$ och 6 i $3/2$. Faktorerna är $(3x + 2)(2x + 3)$.

Alt. 3

$3x \cdot 3 + 2x \cdot 2 = 13x$.

$6x^2 + 13x + 6$
$3x + 2$
$2x + 3 = 6x^2 + 13x + 6$ $\therefore$ $6x^2 + 13x + 6 = (3x + 2)(2x + 3)$.

Exempel 36 $7x^2 - 10x - 8$

$7x^2$ delas upp i $7x/x$ och 8 i $2/4$. Korsmultiplicera $7x$ med -2 eftersom $7x(-2)$ är <u>närmare</u> $-10x$ än $7x \cdot 4$. Faktorerna vi får är $(7x + 4)(x - 2)$.

Alt. 3

$7x(-2) + x \cdot 4 = -10x$.

$7x^2 - 10x - 8$
$7x + 4$
$x - 2 = 7x^2 - 10x - 8$ $\therefore$ $7x^2 - 10x - 8 = (7x + 4)(x - 2)$.

Exempel 37 $5x^2 + 18x - 8$

$5x^2$ delas upp i $5x/x$ och 8 i $2/4$. Multiplicera $5x$ korsvis med 4 eftersom $5x \cdot 4$ är <u>närmare</u> $18x$ än $5x \cdot 2$. Vi får faktorerna $(5x - 2)(x + 4)$.

Alt. 3

$5x \cdot 4 + x(-2) = 18x$

$5x^2 + 18x - 8$
$5x - 2$
$x + 4 = 5x^2 + 18x - 8$. $\therefore$ $5x^2 + 18x - 8 = (5x - 2)(x + 4)$.

Exempel 38 $3x^2 + 10x + 8$

$3x^2$ delas upp i $3x/x$ och 8 i 2/4. Multiplicera $3x$ med 2 korsvis eftersom
$3x \cdot 2$ understiger $10x$.
Vi får faktorerna $(3x + 4)(x + 2)$.
Alt. 3
$3x \cdot 2 + x \cdot 4 = 10x$.

$3x^2 + 10x + 8$
$3x + 4$
$x + 2 = 3x^2 + 10x + 8$ ∴ $3x^2 + 10x + 8 = (3x + 4)(x + 2)$.

Exempel 39 $7x^2 + 8x - 12$

$7x^2$ delas upp i $7x/x$ och 12 i 2/6. Multiplicera $7x$ korsvis med 2 eftersom
$7x \cdot 2$ är <u>närmare</u> $8x$ än $7x \cdot 6$. Vi får faktorerna $(7x - 6)(x + 2)$.
Alt. 3
$7x \cdot 2 + x(-6) = 8x$.

$7x^2 + 8x - 12$
$7x - 6$
$x + 2 = 7x^2 + 8x - 12$ ∴ $7x^2 + 8x - 12 = (7x - 6)(x + 2)$.

Exempel 40 $12x^2 + 33x + 18$

$3x \cdot 3$
$12x^2$ delas upp i $4x/3x$ och 18 i 3/6 och vi får faktorerna $(4x + 3)(3x + 6)$.
Alt. 3
$4x \cdot 6 + 3x \cdot 3 = 33x$.

$12x^2 + 33x + 18$
$4x + 3$
$3x + 6 = 12x^2 + 33x + 18$ ∴ $12x^2 + 33x + 18 = (4x + 3)(3x + 6)$.

POLYNOMETS KÄRNA

Vi har sett att den mellersta koefficienten är summan av två produkter och hur beroende vi är av den när vi faktoriserar. Den ger oss en signal hur koefficienterna skall delas upp och den är även ursprunget till alla formler och regler. Den mellersta koefficienten spelar alltså en central roll och utgör kärnan i polynomet. Den kan liknas vid en cellkärna som innehåller hela arvsmassan DNA.

För att ytterligare betona hur betydelsefull den mellersta koefficienten är, vill vi ge exempel på att det även är möjligt att faktorisera när bara den mellersta koefficienten är känd, omgiven av plus eller minus. Den mellersta koefficienten kan naturligtvis ha samma värde i flera polynom, men givet att koefficienterna är heltal kan de under vissa omständigheter vara entydiga. Följande exempel visar bara en lösning.

Exempel 1. Ytterkoefficienterna är okända

+ 13x +

Eftersom den mellersta koefficienten är ett udda tal, har två udda faktorer multiplicerats korsvis. De två udda faktorerna som ligger närmast och under 13x är 3x och 3. Vid vertikal och korsvis multiplikation får vi $3x \cdot 3 + 4x \cdot 1 = 13x$ enligt nedan.
+ 13x +
3x + 1
$4x + 3 = 12x^2 + 13x + 3$
$\therefore 12x^2 + 13x + 3 = (3x+1)(4x + 3)$.

Exempel 2. Konstanttermen är okänd

$7x^2 + 10x +$

Vi delar upp $7x^2$ i $7x/x$. Placera 7x och x under varandra enligt nedan.
$7x^2 + 10x +$
7x +
 x +
För att den mellersta koefficienten 10 inte skall överskridas, multipliceras 7x med 1. Vid korsvis multiplikation får vi: $7x \cdot 1 + x \cdot 3 = 10x$ enligt nedan.
7x + 3
 $x + 1 = 7x^2 + 10x + 3$
$\therefore 7x^2 + 10x + 3 = (7x + 3)(x + 1)$.

Exempel 3. Första koefficienten är okänd

+19x + 5

Vi delar upp 5 i 1 och 5 enligt nedan
+9x + 5
    5
    1

Eftersom den mellersta koefficienten är ett udda tal, måste 5 eller 1 multipliceras med en udda faktor i den första termen. För att komma nära och inte överstiga 19x, multipliceras 5 med 3x. Vid korsvis multiplikation får vi: $3x \cdot 5 + 4x \cdot 1 = 19x$.
3x + 1
4x + 5 = $12x^2$ + 19x + 5
∴ $12x^2$ + 19x + 5 = (3x + 1)(4x + 5).

Exempel 4. Första koefficienten är okänd

+16x + 14.

Vi delar upp 14 i 2 och 7 enligt följande:
+16x + 14
       2
       7

För att komma så nära den mellersta koefficienten 16 som möjligt, multipliceras 7 med 2x. Vid korsvis multiplikation får vi: $2x \cdot 7 + x \cdot 2 = 16x$ enligt nedan.

2x + 2
 x + 7 = $2x^2$ + 16x + 14
∴ $2x^2$ + 16x + 14 = (2x + 2)(x + 7).

<u>Dessa fyra exempel visar att den mellersta koefficienten är polynomets kärna. Tack vare upptäckten av delningsregeln och faktorregeln, kan man alltså få fram ett polynom även om man bara känner till den mellersta koefficienten.</u>

På samma sätt kan vi göra med ett tredjegradspolynom t. ex. där bara $x^3 + 6x^2 +$ är kända. Eftersom den första koefficienten är 1, skall summan av de tre faktorerna i konstanttermen vara lika med koefficienten 6 i variabeltermen x^2. Vi får således faktorerna 1 + 2 + 3 och när (x+1)(x+2)(x+3) multipliceras korsvis får vi $x^3 + 6x^2 + 11x + 6$.

FÖRDELAR ATT LÖSA ANDRAGRADSEKVATIONER MED FAKTORISERING

- Man slipper kvadrera och beräkna kvadratrötter.

- Inga artificiella hjälpmedel behövs om koefficienterna är måttligt stora och lösningarna är rationella. (Ett rationellt tal är kvoten mellan två heltal).

- Lättare och fortare än att använda en formel.

- Det enklaste sättet att lösa en andragradsekvation är att dela upp alla faktorer i ytterkoefficienterna, skriva ner dem på en rad, kombinera och multiplicera så att produkten blir densamma som den mellersta koefficienten. När faktorerna är klara, faktoriseras den vänstra delen av ekvationen på samma sätt som vi har beskrivit tidigare.

- Man kan välja mellan tre alternativ.

- Svaret kan bekräftas genom vertikal och korsvis multiplikation.

För ekvationer med irrationella tal måste givetvis en formel användas

<u>Vi har tidigare varit vana vid att använda bara ett sätt att lösa en ekvation. Det kan liknas vid en hantverkare som använder samma verktyg till alla jobb. Men nu har vi flera valmöjligheter.</u> På samma sätt som hantverkaren väljer det bästa verktyget och får jobbet gjort snabbare, bättre och med större tillfredsställelse, kan vi välja en metod som stimulerar det mentala arbetssättet till flexibilitet, uppfinningsrikedom och kreativitet.

ÖVNINGAR (1–30)

1. $2x^2 + 15x + 7$
2. $6x^2 + 7x - 3$
3. $2x^2 + 11x + 12$
4. $6x^2 - 11x + 4$
5. $x^2 + 10x + 24$
6. $6x^2 + 5x + 1$
7. $x^2 - 3x - 10$
8. $x^2 + 2x - 15$
9. $3x^2 + 7x - 6$
10. $5x^2 - x - 18$
11. $2x^2 - 5x + 3$
12. $2x^2 - 11x + 5$
13. $2x^2 + 5x + 3$
14. $12x^2 + 13x + 3$
15. $12x^2 + 23x + 10$
16. $6x^2 + 17x + 5$
17. $4x^2 + 9x + 5$
18. $3x^2 + 11x + 6$
19. $12x^2 + 13x + 3$
20. $12x^2 + 19x + 5$
21. $3x^2 - x - 2$
22. $x^2 + 9x + 20$
23. $3x^2 + 8x + 5$
24. $2x^2 - x - 3$
25. $2x^2 + 9x + 4$
26. $2x^2 + x - 6$
27. $2x^2 - 7x + 3$
28. $x^2 + 3x + 2$
29. $3x^2 + 11x + 6$
30. $12x^2 + 19x + 5$

Kapitel 3

FAKTORISERING AV TREDJEGRADSPOLYNOM

Vid faktorisering av tredjegradspolynom använder vi en speciell anpassad faktorregel, som även kan tillämpas på både fjärde- och femtegradspolynom. Ibland kan ett polynom innehålla både plus och minus och för att beräkna dessa tecken i de tre faktorerna, har vi utvecklat en metod som beskrivs i exempel 14 och 15. I slutet av kapitlet löser vi en tredjegradsekvation med hjälp av faktorisering och jämför den med en konventionell metod.

KONSTRUKTION AV ETT TREDJEGRADSPOLYNOM

Låt oss konstruera ett tredjegradspolynom med följande faktorer:
$(5x + 1)(2x + 3)$ och $(x + 5)$.
$5x + 1$
$2x + 3 = 10x^2 + 17x + 3$
$\qquad\qquad x + 5 = 10x^3 + 67x^2 + 88x + 15$

1:a steget: $= 5x \cdot 2x = 10x^2$
2:a steget: $= 5x \cdot 3 + 2x \cdot 1 = 17x$
3:e steget: $= 3 \cdot 1 = 3$
4:e steget: $= 10x^2 \cdot x = 10x^3$
5:e steget: $= 10x^2 \cdot 5 + 17x \cdot x = 67x^2$
6:e steget: $= 17x \cdot 5 + x \cdot 3 = 88x$
7:e steget: $= 3 \cdot 5 = 15$

Variabeltermen 88x är summan av tre produkter och är lika betydelsefull när vi skall faktorisera och dela upp koefficienterna som den mellersta koefficienten är i ett andragradspolynom.

FAKTORUPPDELNING

Nedanstående tabell visar hur koefficienterna delas upp i faktorer.

1. 1,1.1
2. 1,1,2
3. 1,1,3
4. 1,1,4/ 1,2,2
5. 1,1,5
6. 1,2,3 / 1,1,6
7. 1,1,7
8. 1,2,4 /1,1,8
9. 1,3,3 / 1,1,9
10. 1,2,5/ 1,1,10
11. 1,1,11
12. 1,3,4 / 1,2,6 / 1,1,12
13. 1,1,13
14. 1,2,7/ 1,1,14
15. 1,3,5 / 1,1,15
16. 1,2,8/1,4,4 ,/ 2,2,4 /1,1,16
17. 1,1,17
18. 1,2,9/1,3,6/ 1,1,18
19. 1,1,19
20. 2,2,5/ 1,4,5 /1,1,20
21. 1,3,7 / /1,1,21
22. 1,2,11/1,1,22
23. 1,1,23
24. 2,3,4 / 1,3,8 / 1,1,24

PRIMTALSFAKTORISERING

Uppdelning av koefficienter i faktorer är enkelt att göra för hand så länge det rör sig om små tal, men när talen är stora är primtalsfaktorisering ett lämpligt sätt. Primtalsfaktorisering innebär att ett heltal skrivs som en produkt av primtal t.ex. 15 = 3 · 5.

Ett primtal är ett positivt heltal större än 1 och är endast delbart med 1 och sig själv t.ex. 2,3,5,7,11 o.s.v. Heltal som inte är primtal kan delas upp i två eller flera primtal vars produkt är talet själv. De kallas för primfaktorer t.ex. 10 = 2 · 5 där 2 och 5 är primfaktorer.

När vi skall bestämma primfaktorerna i t.ex. talet 24, skriver vi talet som en produkt av de två faktorerna 2 och 12. Talet 12 kan i sin tur skrivas som en produkt av 2 och 6 och talet 6 kan skrivas som en produkt av 2 och 3.

24 = 2 · 12 = 2 · 2 · 6 = 2 · 2 · 2 · 3.

Observera att det går lika bra att dela upp talet 24 som en produkt av 4 och 6 eftersom 4 = 2 · 2 och 6 = 2 · 3 (24 = 4 · 6 = 2 · 2 · 2 · 3).

När vi exempelvis primtalsfaktoriserar talet 36 spelar det alltså ingen roll om vi skriver 18 som en produkt av 2 och 9 eller 3 och 6 enligt följande:

36 = 2 · 18 = 2 · 2 · 9 = 2 · 2 · 3 · 3 eller 36 = 2 · 18 = 2 · 3 · 6 = 2 · 2 · 3 · 3.

Primtalsfaktorisering har vi inte så stor användning för här, men den är bra att känna till och kommer väl till pass vid bråkräkning. Om täljaren och nämnaren i ett bråk har en gemensam faktor kan vi förkorta bort den. Enligt följande exempel har talen 70 och 42 primfaktorerna 2 och 7 gemensamt. Det innebär att den största gemensamma delaren för 70 och 42 är 2 · 7 = 14.

70 = 2 · 35 = 2 · 5 · 7 och 42 = 2 · 21 = 2 · 3 · 7

$$\frac{70}{42} = \frac{2 \cdot 5 \cdot 7}{2 \cdot 3 \cdot 7}$$

Nästa exempel visar att de primfaktorer som finns i både täljare och nämnare kan förkortas bort och att produkten av dessa är den största gemensamma delaren d.v.s. $2 \cdot 2 \cdot 5 = 20$.

$180 = 2 \cdot 90 = 2 \cdot 2 \cdot 45 = 2 \cdot 2 \cdot 9 \cdot 5 = 2 \cdot 2 \cdot 3 \cdot 3 \cdot 5$ och
$280 = 2 \cdot 140 = 2 \cdot 2 \cdot 70 = 2 \cdot 2 \cdot 2 \cdot 35 = 2 \cdot 2 \cdot 2 \cdot 5 \cdot 7$

$$\frac{180}{280} = \frac{2 \cdot 2 \cdot 3 \cdot 3 \cdot 5}{2 \cdot 2 \cdot 2 \cdot 5 \cdot 7} = \frac{3 \cdot 3}{2 \cdot 7}$$

Förkortning kan även göras om koefficienterna i en ekvation har samma primfaktorer vilket förenklar uträkningen utan att påverka resultatet.

Ett annat användningsområde där det kan löna sig att primtalsfaktorisera är när man vill förenkla rotuttryck enligt följande exempel.

$180 = 2 \cdot 90 = 2 \cdot 2 \cdot 45 = 2 \cdot 2 \cdot 5 \cdot 9 = 2 \cdot 2 \cdot 3 \cdot 3 \cdot \sqrt{5} = 2 \cdot 3 \cdot \sqrt{5}$.

$\sqrt{180} = \sqrt{2 \cdot 2 \cdot 3 \cdot 3 \cdot 5} = \sqrt{2 \cdot 2 \cdot 3 \cdot 3} \cdot \sqrt{5} = 2 \cdot 3 \cdot \sqrt{5}$.

Primtalsfaktorisering är dock allra vanligast inom datorkryptering, framför allt kryptering av lösenord, där man använder stora primtal för att göra en så säker inloggning som möjligt, t.ex. när man loggar in sig på sin internetbank.

DELNINGSREGELN

Om koefficienten framför variabeltermen x är ett udda tal, delas koefficienterna upp på samma sätt som i ett andragradspolynom, och vice versa om koefficienten framför variabeltermen x är ett jämnt tal.

FAKTORREGELN

1. Multiplicera den största faktorn i den första termen med faktorerna i konstanttermen.

2. Om produkten är mindre än koefficienten framför variabeltermen x, skall den största faktorn i den första termen ingå i binomet med den lägsta faktorn i konstanttermen.

3. Om produkten är större eller lite mindre än koefficienten framför variabeltermen x, skall den största faktorn i den första termen ingå i binomet med den mellersta faktorn i konstanttermen.

Det går inte att avgöra exakt hur mycket mindre produkten får vara framför variabeltermen x. I tveksamma fall får man prova sig fram.

4. Om den mellersta faktorn i den första termen är större än 1, skall den ingå i binomet med den största faktorn i konstanttermen. Om den första termen däremot är ett primtal är de två lägsta faktorerna 1 och då spelar det ingen roll vilken faktor man multiplicerar med i konstanttermen.

Variabeltermen x i ett tredjegradspolynom är summan av tre produkter och utgör således polynomets kärna på samma sätt som den mellersta koefficienten i ett andragradspolynom.

ÖVNINGSEXEMPEL 1-15

Exempel 1 $8x^3 + 58x^2 + 110x + 24$

$8x^3$ delas upp i 4x/2x/x och 24 i 1/4/6 eftersom 110x är ett jämnt tal.

Faktorregeln säger:

1. "Multiplicera den största faktorn i den första termen med faktorerna i konstanttermen", d.v.s. $4x \cdot 1 \cdot 4 \cdot 6 = 96x < 110x$.

2. "Om produkten är mindre än koefficienten framför variabeltermen x, skall den största faktorn i den första termen ingå i binomet med den lägsta faktorn i konstanttermen".

Det innebär att den största faktorn i den första termen 4x ingår i binomet med den lägsta faktorn 1 i konstanttermen. Det första binomet blir således 4x + 1.

3. "Den mellersta faktorn i den första termen ska ingå i binomet med den största faktorn i konstanttermen".

Det innebär att den mellersta faktorn 2x i den första termen, ingår i binomet med 6 och vi får binomet 2x + 6.

När binomen 4x + 1 och 2x + 6 är kända är det tredje binomet x + 4 givet.

Dessa binomen behöver inte multipliceras i den ordning som visas nedan. Oavsett vilken ordningsföljd man multiplicerar får man samma slutresultat.

Faktorerna blir således (4x + 1)(2x + 6)(x + 4) enligt nedan.

$8x^3 + 58x^2 + 110x + 24$
4x + 1
$2x + 6 = 8x^2 + 26x + 6$
$x + 4 = 8x^3 + 58x^2 + 110x + 24$

∴ $8x^3 + 58x^2 + 110x + 24 = (4x + 1)(2x + 6)(x + 4)$.

Ett exempel på vedisk faktorisering

$8x^3 + 58x^2 + 110x + 24$
8 : 2 = 56 : 14 = 96 : 24 = den första faktorn är $(4x + 1)$
8 : 24 = 34 : 102 = 8 : 24 = den andra faktorn är $(2x + 6)$
8 : 32 = 26 : 104 = 6 : 24 = den tredje faktorn är $(x + 4)$

∴ $8x^3 + 58x^2 + 110x + 24 = (4x + 1)(2x + 6)(x + 4)$.

Metoden är mycket tidsödande och krånglig i synnerhet när den första koefficienten är högre än 1.

Exempel 2 $x^3 + 6x^2 + 11x + 6$

Vi delar x^3 upp i x/x/x och 6 i 1/2/3. Se kap. 2, sid. 35: När den ena ytterkoefficenten är 1. Eftersom koefficienten framför x^3 är 1, kan konstanttermen 6 delas upp så att summan av faktorerna $1 + 2 + 3 = 6x^2$.
Vi får faktorerna $(x + 1)(x + 2)(x + 3)$ enligt nedan.

$x^3 + 6x^2 + 11x + 6$
$x + 1$
$x + 2 = x^2 + 3x + 2$
$\quad\quad x + 3 = x^3 + 6x^2 + 11x + 6$

∴ $x^3 + 6x^2 + 11x + 6 = (x + 1)(x + 2)(x + 3)$.

Exempel 3 $6x^3 + 19x^2 + 19x + 6$

$6x^3$ delas upp i 3x/2x/x och 6 i 1/2/3.

Faktorregeln säger:

1." Multiplicera den största faktorn i den första termen med faktorerna i konstanttermen", d.v.s. $3x \cdot 1 \cdot 2 \cdot 3 = 18x < 19x$.

3."Om produkten är större eller lite mindre än koefficienten framför variabeltermen x, ska den största faktorn i den första termen ingå i binomet med den mellersta faktorn i konstanttermen".

Det innebär att den största faktorn i den första termen 3x ingår i binomet med den mellersta faktorn 2 i konstanttermen och vi får binomet $3x + 2$.

4." Den mellersta faktorn i den första termen skall ingå i binomet med den största faktorn i konstanttermen".

Det innebär att den mellersta faktorn i den första termen 2x, ingår i binomet med den största faktorn 3 i konstanttermen. Det andra binomet blir således $2x + 3$. När dessa två binomen $3x + 2$ och $2x + 3$ är kända är $x + 1$ givet. Vi får de tre faktorerna $(3x + 2)(2x + 3)(x + 1)$ enligt nedan.

$6x^3 + 19x^2 + 19x + 6$
$3x + 2$
$2x + 3 = 6x^2 + 13x + 6$
$\qquad\quad x + 1 = 6x^3 + 19x^2 + 19x + 6$

$\therefore 6x^3 + 19x^2 + 19x + 6 = (3x + 2)(2x + 3)(x + 1)$.

Exempel 4 $x^3 + 9x^2 + 20x + 12$

x^3 delas upp i x/x/x och 12 i 1/2/6. Se exempel 2.
Vi delar upp 12 i 1/2/6 så att summan av de tre faktorerna blir 9 som i variabeltermen x^2. Faktorerna blir således $(x+1)(x+6)(x+2)$.

$x^3 + 9x^2 + 20x + 12$
$x + 1$
$x + 6 = x^2 + 7x + 6$
$\qquad x + 2 = x^3 + 9x^2 + 20x + 12$

∴ $x^3 + 9x^2 + 20x + 12 = (x+1)(x+6)(x+2)$.

Exempel 5 $3x^3 + 17x^2 + 22x + 8$

$3x^3$ delas upp i 3x/x/x och 8 i 1/2/4 eftersom 22x är ett jämnt tal.
Faktorregeln säger:

1."Multiplicera den största faktorn i den första termen med faktorerna i konstant-termen", d.v.s. $3x \cdot 1 \cdot 2 \cdot 4 = 24x > 22x$.

3 "Om produkten är större eller lite mindre än koefficienten framför variabeltermen x, skall den största faktorn i den första termen ingå i binomet med den mellersta faktorn i konstanttermen".

Det innebär att den största faktorn i den första termen 3x, ingår i binomet med den mellersta faktorn 2 i konstanttermen. Det första binomet är således $3x + 2$.

Då den första koefficienten 3 är ett primtal, är koefficienterna på de två andra faktorerna 1 och därmed är $x + 1$ och $x + 4$ givna. Vi får faktorerna $(3x+2)(x+4)(x+1)$ enligt nedan.

$3x^3 + 17x^2 + 22x + 8$
$3x + 2$
$x + 4 = 3x^2 + 14x + 8$.
$\qquad x + 1 = 3x^3 + 17x^2 + 22x + 8$

∴ $3x^3 + 17x^2 + 22x + 8 = (3x+2)(x+4)(x+1)$.

Exempel 6 $x^3 + 15x^2 + 71x + 105$

x^3 delas upp i x/x/x och 105 i 3/5/7. Se exempel 2.

Vi delar upp 105 så att summan av faktorerna $3 + 5 + 7 = 15x^2$. Enligt nedan får vi faktorerna $(x + 3)(x + 5)(x + 7)$.

$x^3 + 15x^2 + 71x + 105$
$x + 3$
$x + 5 = x^2 + 8x + 15$
$\qquad x + 7 = x^3 + 15x^2 + 71x + 105$

$\therefore x^3 + 15x^2 + 71x + 105 = (x + 3)(x + 5)(x + 7)$.

Exempel 7 $3x^3 + 25x^2 + 53x + 15$

$3x^3$ delas upp i 3x/x/x och 15 i 1/3/5.

1. "Multiplicera den största faktorn i den första termen med faktorerna i konstanttermen", d.v.s. $3x \cdot 1 \cdot 3 \cdot 5 = 45x < 53x$.

2. "Om produkten är mindre än koefficienten framför variabeltermen x, ska den största faktorn i den första termen ingå i binomet med den minsta faktorn i konstanttermen".

Det innebär att den största faktorn i den första termen 3x, ingår i binomet med den minsta faktorn 1 i konstanttermen och det första binomet är $3x + 1$. Eftersom den första koefficienten 3 är ett primtal, blir de två andra binomen $x + 5$ och $x + 3$. Faktorerna är således $(3x + 1)(x + 5)(x + 3)$ enligt nedan.

$3x^3 + 25x^2 + 53x + 15$
$3x + 1$
$\ x + 5 = 3x^2 + 16x + 5$
$\qquad x + 3 = 3x^3 + 25x^2 + 53x + 15$

$\therefore 3x^3 + 25x^2 + 53x + 15 = (3x + 1)(x + 5)(x + 3)$.

Exempel 8 $x^3 + 11x^2 + 38x + 40$

x^3 delas upp i x/x/x och 40 i 2/4/5. Se exempel 2.

Vi delar upp 40 så att summan av faktorerna $2 + 4 + 5 = 11x^2$.
Faktorerna är (x + 2((x + 4)(x + 5) enligt nedan.

$x^3 + 11x^2 + 38x + 40$
x + 2
$x + 4 = x^2 + 6x + 8$
$\qquad x + 5 = x^3 + 11x^2 + 38x + 40$

∴ $x^3 + 11x^2 + 38x + 40 = (x + 2)(x + 4)(x + 5)$.

Exempel 9 $5x^3 + 42x^2 + 51x + 14$

$5x^3$ delas upp i 5x/x/x och 14 i 1/2/7.

1." Multiplicera den största faktorn i den första termen med faktorerna i konstanttermen", d.v.s. $5x \cdot 1 \cdot 2 \cdot 7 = 70x > 51x$.

3." Om produkten är större eller lite mindre än koefficienten framför variabeltermen x, skall den största faktorn i den första termen ingå i binomet med den mellersta faktorn i konstanttermen".

Eftersom produkten är större än koefficienten framför variabeltermen x, skall den största faktorn 5x i den första termen, ingå i binomet med den mellersta faktorn 2 i konstanttermen. Vi får således det första binomet 5x + 2. Eftersom 5x är ett primtal är de två andra binomen x + 2 och x + 7 givna. Faktorerna (5x + 2)(x + 7)(x + 1) blir enligt nedan.

$5x^3 + 42x^2 + 51x + 14$
5x + 2
 $x + 7 = 5x^2 + 37x + 14$
$\qquad x + 1 = 5x^3 + 42x^2 + 51x + 14$

∴ $5x^3 + 42x^2 + 51x + 14 = (5x + 2)(x + 7)(x + 1)$.

Exempel 10 $x^3 - 2x^2 - 5x + 6$

x^3 delas upp i x/x/x och 6 i 1/2/3. Se ex. 2. Summan av faktorerna $2 - 1 - 3 = -2x^2$.

Vi får faktorerna $(x-1)(x+2)(x-3)$ enligt nedan.

$x^3 - 2x^2 - 5x + 6$
$x - 1$
$x + 2 = x^2 + x - 2$
$\qquad x - 3 = x^3 - 2x^2 - 5x + 6$
$\therefore x^3 - 2x^2 - 5x + 6 = (x-1)(x+2)(x-3)$.

Exempel 11 $x^3 + 3x^2 - 4x - 12$

x^3 delas upp i x/x/x och 12 i 2/2/3. Se ex. 2. Summan av faktorerna $2 + 3 - 2 = 3x^2$.

Vi får faktorerna $(x+3)(x+2)(x-2)$ enligt nedan.

$x^3 + 3x^2 - 4x - 12$
$x + 3$
$x + 2 = x^2 + 5x + 6$
$\qquad x - 2 = x^3 + 3x^2 - 4x - 12$
$\therefore x^3 + 3x^2 - 4x - 12 = (x+3)(x+2)(x-2)$.

Exempel 12 $7x^3 + 85x^2 + 201x + 27$

$7x^3$ delas upp i $7x/x/x$ och 27 i 1/3/9.

Faktorregeln säger:

1. "Multiplicera den största faktorn i den första termen med faktorerna i konstanttermen", d.v.s. $7x \cdot 1 \cdot 3 \cdot 9 = 189x < 201x$.

2. "Om produkten är mindre än koefficienten framför variabeltermen x, ska den största faktorn i den första termen ingå i binomet med den minsta faktorn i konstanttermen".

Det innebär att den största faktorn i den första termen 7x, ska ingå i binomet med den minsta faktorn 1 i konstanttermen. Vi får binomet $7x + 1$.

Eftersom den första koefficienten är ett primtal, är de två andra binomen $x + 3$ och $x + 9$ givna. Binomen blir således $(7x + 1)(x + 9)(x + 3)$.

$7x^3 + 85x^2 + 201x + 27$
$7x + 1$
$\quad x + 9 = 7x^2 + 64x + 9$
$\qquad\qquad x + 3 = 7x^3 + 85x^2 + 201x + 27$

$\therefore 7x^3 + 85x^2 + 201x + 27 = (7x + 1)(x + 9)(x + 3)$.

Exempel 13 $5x^3 + 31x^2 + 51x + 9$

$5x^3$ delas upp i $5x/x/x$ och 9 i 1/3/3.

1. "Multiplicera den största faktorn i den första termen med faktorerna i konstanttermen", d.v.s. $5x \cdot 1 \cdot 3 \cdot 3 = 45x < 51x$.

2. "Om produkten är mindre än koefficienten framför variabeltermen x, ska den största faktorn i den första termen ingå i binomet med den minsta faktorn i konstanttermen".

Det innebär att den största faktorn i den första termen 5x, ingår i binomet med den minsta faktorn 1 i konstanttermen. Det första binomet är $5x +1$.
Eftersom 5x är ett primtal är de två andra binomen $x + 3$ och $x + 3$ givna enligt nedan.

$5x^3 + 31x^2 + 51x + 9$
$5x + 1$
$x + 3 = 5x^2 + 16x + 3$
$x + 3 = 5x^3 + 31x^2 + 51x + 9$

$\therefore 5x^3 + 31x^2 + 51x + 9 = (5x + 1)(x + 3)(x + 3)$.

När man kan delningsregeln och faktorregeln löser man ett tredjegradspolynom rätt så snabbt och ett par exempel nedan visar detta.

$8x^3 + 58x^2 + 110x + 24$ (ex.1)

$8x^3$ delas upp i $4x/2x/x$ och 24 i 1/4/6. Vi ser att $4x \cdot 24(1,4,6) = 96x$ och därmed mindre än 110x. Då vet man att det första binomet är $4x + 1$ och det andra får vi när den första och mellersta faktor 2x ingår i binomet med den högsta faktorn 6 i konstanttermen d.v.s. $2x + 6$. Därmed är det tredje binomet $x + 4$ givet.

$5x^3 + 31x^2 + 51x + 9$ (ex.13)

$5x^3$ delas upp i $5x/x/x$ och 9 i 1/3/3. Vi ser att $5x \cdot 9$ är lägre än 51x. Det första binomet är $5x + 1$ och binomen $x + 3$ och $x + 3$ är givna eftersom den första koefficienten är ett primtal.

Exempel 14 $2x^3 - 11x^2 - 20x - 7$

$2x^3$ delas upp i $2x/x/x$ och 7 i $1/1/7$.

Eftersom polynomet innehåller minus, måste faktorerna beräknas först innan binomen förses med plus- eller minustecken.

Observera att det kan se märkligt ut med ett binom utan plus eller minustecken, men tyvärr går det inte på något annat sätt.

Faktorregeln säger:

1." Multiplicera den största faktorn i den första termen med faktorerna i konstanttermen", d.v.s. $2x \cdot 1 \cdot 1 \cdot 7 = 14x < 20x$.

2. " Om produkten är mindre än koefficienten framför variabeltermen x, ska den största faktorn i första termen ingå i binomet med den minsta faktorn i konstanttermen."

Det innebär att den största faktorn 2x, i den första termen ingår i binomet med den lägsta faktorn 1 i konstanttermen. Det första binomet blir 2x   1. Eftersom 2x är ett primtal, blir de två andra binomen x   7 och x   1.
De tre binomen utan plus eller minus är således:

   2x   1,   x   7,   x   1.

Vi skall nu beräkna vilket binom som skall ha plus- eller minustecken. Detta löser vi genom att utnyttja den sista delen av polynomet – 20x – 7. Vi kan göra detta därför att variabeltermen x är polynomets kärna på samma sätt som den mellersta koefficienten är i en andragradsekvation. Det sista uttrycket i polynomet –20x – 7 är summan av tre produkter och innehåller alltså tre binomen med plus- eller minustecken.

Innan vi beräknar plus eller minus i ovanstående polynom, visar vi först ett par enkla exempel från ett andra- och ett tredjegradspolynom. Eftersom dessa polynomen bara innehåller plustecken, kommer binomen också att få det, men vi tror det kan vara en bra förövning för att se tillvägagångssättet.

a) $2x^2 + 17x + 8$ (Se ex. 1 kap.1)

Vi har två binomen: 2x 1 och x 8.

17x + 8 → 2x + 1
 x 8 → x + 8 = 17x + 8.

Vi placerar det ena binomet under 17x + 8 enligt ovan. Det sista uttrycket i polynomet 17x + 8 vet vi innehåller både binomet x 8 och 2x 1. För att erhålla samma uttryck som 17x + 8 efter korsvis multiplikation, måste 17x ändras till 2x och 8 till 1 och på så sätt får vi fram binomet 2x + 1 och x + 8 enligt ovan. Att detta stämmer kan bekräftas genom vertikal och korsvis multiplikation och vi får $2x^2 + 17x + 8$.

Låt oss ta ett tredjegradspolynom från exempel 13.

b) $5x^3 + 31x^2 + 51x + 9$.

Vi har följande tre binom: 5x 1, x 3, x 3.

51x + 9 → 16x + 3   5x + 1
 x 3 → x + 3 = 51x + 9   x + 3 = 16x + 3

Vi placerar det ena binomet under 51x + 9. Det sista uttrycket 51x + 9 innehåller alltså 3 binomen. Vi bestämmer det första binomet genom att ändra 51x till 16x och 9 till 3 och får uttrycket 16x + 3 enligt ovan. Efter korsvis multiplikation skall vi få samma uttryck som 51x + 9. Det första binomet blir x + 3. Uttrycket 16x + 3 innehåller de två andra binomen. Då polynomet bara innehåller plustecken får vi 5x + 1 och x + 3.

I polynomet $2x^3 - 11x^2 - 20x - 7$ beräknade vi binomen till: $2x \quad 1$, $x \quad 7$, $x \quad 1$.
Vi vill nu bestämma vilket binom som ska ha plus- eller minustecken. Vi placerar godtyckligt ett binom under det sista uttrycket i polynomet $-20x -7$ enligt nedan.

Alt.1
$-20x -7 \rightarrow$	$-6x - 7$	$x - 7$
$2x \quad 1 \rightarrow$	$2x + 1$	$x + 1$
	$-20x - 7$	$-6x - 7$

Alt. 2
$-20x -7 \rightarrow$	$-13x - 7$	$x - 7$
$x \quad 1 \rightarrow$	$x + 1$	$2x + 1$
	$-20x - 7$	$-13x - 7$

Alt.3
$-20x -7 \rightarrow$	$3x + 1$	$x + 1$
$x \quad 7 \rightarrow$	$x - 7$	$2x + 1$
	$-20x - 7$	$3x + 1$

Lägg märke till att det sista uttrycket $-20x -7$ innehåller $2x \quad 1$, $x \quad 7$ och $x \quad 1$ inklusive plus- eller minustecken.

För att erhålla samma uttryck som $-20x - 7$ efter korsvis multiplikation i alt. 1, ändras $-20x$ till $-6x$ och binomet $2x \quad 1$ kompletteras med ett plus. Det första binomet blir alltså $2x + 1$ enligt ovan. I uttrycket $-6x -7$ har vi $x \quad 7$ och $x \quad 1$. Placera plus och minus så att man efter korsvis multiplikation får samma uttryck som $-6x - 7$.

Kom ihåg att inte placera plus eller minus framför x i binomet. Faktorerna vi får blir enligt nedan $(2x + 1)(x - 7)(x + 1)$.

$2x^3 - 11x^2 - 20x - 7$
$2x + 1$
$\quad x - 7 = 2x^3 - 13x - 7$
$\qquad\qquad x + 1 = 2x^3 - 11x^2 - 20x - 7$

$\therefore 2x^3 - 11x^2 - 20x - 7 = (2x+1)(x - 7)(x + 1)$

Exempel 15 $3x^3 - 7x^2 - 18x - 8$

$3x^3$ delas upp i $3x/x/x$ och 8 i 1/2/4 eftersom 18x är ett jämnt tal.

1."Multiplicera den största faktorn i den första termen med faktorerna i konstanttermen", d.v.s. $3x \cdot 1 \cdot 2 \cdot 4 = 24x > 18x$.

3." Om produkten är större eller lite mindre än koefficienten framför variabeltermen x, skall den största faktorn i den första termen ingå i binomet med den mellersta faktorn i konstanttermen".

Det innebär att den största faktorn i den första termen 3x, skall ingå i binomet med den mellersta faktorn 2 i konstanttermen. Det första binomet utan plus eller minustecken blir 3x   2.

Eftersom 3x är ett primtal blir de tre binomen utan plus- eller minustecken:
3x   2,   x   4,   x   1.

Beräkning av plus eller minus utförs på samma sätt som i exempel 14. Den sista delen av polynomet – 18x – 8 används och vi får faktorerna $(3x + 2)(x - 4)(x + 1)$.

Alt.1

–18x – 8 →	– 3x – 4	x – 4
3x 2 →	3x + 2	x + 1
	–18x – 8	–3x – 4

Alt.2

–18x – 8 →	5x + 2	3x + 2
x 4 →	x – 4	x + 1
	–18x – 8	5x + 2

Alt.3

–18x – 8 →	–10x – 8	x – 4
x 1 →	x + 1	3x + 2
	–18x – 8	–10x – 8

$3x^3 - 7x^2 - 18x - 8$

$3x + 2$

 $x - 4 = 3x^2 - 10x - 8$

    $x + 1 = 3x^3 - 7x^2 - 18x - 8$

$\therefore\ 3x^3 - 7x^2 - 18x - 8 = (3x + 2)(x - 4)(x + 1)$.

Lös följande tredjegradsekvation
med hjälp av faktorisering

$x^3 + 9x^2 + 24x + 20 = 0$

Se kap. 2, sid. 35: När den ena ytterkoefficienten är 1.

Ekvationens vänstra del faktoriseras och x^3 delas upp i x/x/x och genom primtalsfaktorisering av konstanttermen 20 får vi: $20 = 2 \cdot 10 = 2 \cdot 2 \cdot 5$.

Vi konstaterar att summan av faktorerna $2 + 2 + 5 = 9$ som i variabeltermen x^2 samtidigt som produkten av faktorerna är lika med 20 i konstanttermen.

$x^3 + 9x^2 + 24x + 20$
$x + 5$
$x + 2 = x^2 + 7x + 10$
$\quad\quad x + 2 = x^3 + 9x^2 + 24x + 20$
$\therefore x^3 + 9x^2 + 24x + 20 = (x + 2)(x + 2)(x + 5)$.

Det vänstra ledet $= (x + 2)(x + 2)(x + 5)$ och det högra ledet $= 0$.
$(x + 2)(x + 2)(x + 5) = 0$.
Den första faktorn $= 0$ ger $x + 2 = 0$ d.v.s. $x_1 = -2$.
Den andra faktorn $= 0$ ger $x + 2 = 0$ d.v.s. $x_2 = -2$.
Den tredje faktorn $= 0$ ger $x + 5 = 0$ d.v.s. $x_3 = -5$.
$\therefore x_1 = x_2 = -2, x_3 = -5$.

Denna tredjegradsekvation löser man lätt med huvudräkning genom primtalsfaktorisering av konstanttermen 20.

Vi jämför här med en konventionell metod:

POLYNOMDIVISION

$x^3 + 9x^2 + 24x + 20 = 0$

Genom polynomdivision bryts ekvationen ned till en andragradsekvation. Detta förutsätter att man på något sätt känner till en rot, om inte annat än genom gissning eller prövning. I detta exempel är $x = -2$ en rot.

```
  x² + 7x + 10
x³ + 9x² + 24x + 20 / x+2
x³ + 2x²                        x² (x + 2)
     7x² + 24x                  7x (x + 2)
     7x² + 14x                  10 (x + 2)
          10x + 20
          10x + 20
                 0
```

Andragradsekvationen löses enligt följande:

$x^2 + 7x + 10 = 0$

$x = -3{,}5 \pm \sqrt{12{,}25 + 1(-10)} = -3{,}5 \pm \sqrt{2{,}25} = -3{,}5 \pm 1{,}5$

$\therefore x_1 = x_2 = -2, \ x_3 = -5.$

ÖVNINGAR (1–12)

1. $x^3 + 7x^2 + 14x + 8$
2. $x^3 + 8x^2 + 19x + 12$
3. $x^3 + 9x^2 + 23x + 15$
4. $3x^3 + 23x^2 + 50x + 24$
5. $5x^3 + 22x^2 + 23x + 6$
6. $7x^3 + 57x^2 + 113x + 15$
7. $2x^3 + 13x^2 + 16x + 5$
8. $4x^3 + 30x^2 + 62x + 24$
9. $5x^3 + 37x^2 + 64x + 20$
10. $6x^3 + 35x^2 + 56x + 15$
11. $2x^3 - 3x^2 - 32x - 15$
12. $5x^3 - 4x^2 - 31x - 6$

Kapitel 4

FAKTORISERING AV FJÄRDEGRADSPOLYNOM

Faktorregeln för tredjegradspolynom kan även tillämpas för ett fjärdegradspolynom. Efter exempel 1 löser vi en fjärdegradsekvation med hjälp av faktorisering och jämför den med en konventionell metod.

Exempel 1 $3x^4 + 26x^3 + 79x^2 + 96x + 36$

Vi delar $3x^4$ upp i $3x/x/x/x$ och när 36 delas upp med hjälp av primtalsfaktorisering får vi: $36 = 2 \cdot 18 = 2 \cdot 2 \cdot 9 = 2 \cdot 2 \cdot 3 \cdot 3$.

Faktorregeln från kapitel 3 säger:

1. "Multiplicera den största faktorn i den första termen med faktorerna i konstanttermen", d.v.s. $3x \cdot 2 \cdot 2 \cdot 3 \cdot 3 = 108x > 96x$.

2. "Om produkten är större eller lite mindre än koefficienten framför variabeltermen x, skall den största faktorn i den första termen ingå i binomet med den näst lägsta faktorn i konstanttermen".

Det innebär att den största faktorn i den första termen $3x$ ingår i binomet med den näst lägsta faktorn 2 i konstanttermen. Det första binomet blir således $3x + 2$. (I detta exempel är den lägsta faktorn i konstanttermen också 2).

Eftersom den första koefficienten 3 är ett primtal, är koefficienterna på de tre andra faktorerna 1. Det innebär att de tre andra faktorerna $(x+2)(x+3)(x+3)$ är givna.
De fyra faktorerna är således $(3x+2)(x+2)(x+3)(x+3)$ enligt nedan.

$3x^4 + 26x^3 + 79x^2 + 96x + 36$
$3x + 2$
$x + 2 = 3x^2 + 8x + 4$
$x + 3 = 3x^3 + 17x^2 + 28x + 12$
$x + 3 = 3x^4 + 26x^3 + 79x^2 + 96x + 36$

∴$3x^4 + 26x^3 + 79x^2 + 96x + 36 = (3x + 2)(x + 2)(x + 3)(x + 3)$.

Lös följande fjärdegradsekvation
$$x^4 + 10x^3 + 37x^2 + 60x + 36 = 0$$

Se kap. 2, sid. 35: När den ena ytterkoefficienten är 1.

Ekvationens vänstra del faktoriseras och x^4 delas upp i x/x/x/x och när 36 delas upp med hjälp av primtalsfaktorisering får vi: $36 = 2 \cdot 18 = 2 \cdot 2 \cdot 9 = 2 \cdot 2 \cdot 3 \cdot 3$.

Summan av faktorerna $2 + 2 + 3 + 3 = 10$ som koefficienten i variabeltermen x^3 och produkten av faktorerna är lika med konstanttermen 36.

$x^4 + 10x^3 + 37x^2 + 60x + 36$
$x + 2$
$x + 3 = x^2 + 5x + 6$
$\qquad x + 2 = x^3 + 7x^2 + 16x + 12$
$\qquad\qquad x + 3 = x^4 + 10x^3 + 37x^2 + 60x + 36$

$\therefore x^4 + 10x^3 + 37x^2 + 60x + 36 = (x+2)(x+2)(x+3)(x+3)$.

Det vänstra ledet = $(x+2)(x+2)(x+3)(x+3)$ och det högra ledet = 0.
$(x+2)(x+2)(x+3)(x+3) = 0$
Den första och andra faktorn = 0 ger $x + 2 = 0$ d.v.s. $x_1 = x_2 = -2$.
Den tredje och fjärde faktorn = 0 ger $x + 3 = 0$ d.v.s, $x_3 = x_4 = -3$.
$\therefore x_1 = x_2 = -2, x_3 = x_4 = -3$.

Denna fjärdegradsekvation löses lätt med huvudräkning genom primtalsfaktorisering av konstanttermen 36.

Vi jämför här med en konventionell metod:

Substitution

$x^4 + 10x^3 + 37x^2 + 60x + 36 = 0$

Vi bryter ned ekvationen till en andragradsekvation genom substitution, som innebär att delar av ekvationen ersätts med et uttryck där både x^4 och $10x^3$ ingår. För att få rätt uttryck måste vi halvera koefficienten 10 i variabeltermen x^3 och multiplicera x^2 med 5x. Vid vertikal och korsvis multiplikation får vi följande:
$x^2 + 5x$
$x^2 + 5x = x^4 + 10x^3 + 25x^2$. Vi har hittat uttrycket $(x^2 + 5x)^2$ där både x^4 och $10x^3$ ingår.

När man har lärt sig korsvis multiplikation är det inte svårt att hitta rätt uttryck, eftersom variabeltermen $10x^3$ är summan av produkterna $x^2 \cdot 5x + x^2 \cdot 5x = 10x^3$.

Vi väljer att sätta $t = (x^2 + 5x)$ och $t^2 = (x^2 + 5x)^2$.

$x^4 + 10x^3 + 37x^2 + 60x + 36 = 0$
$(x^2 + 5x)^2 = x^4 + 10x^3 + 25x^2$
$x^4 + 10x^3 + 25x^2 + 12x^2 + 60x + 36 = 0$
$(x^2 + 5x)^2 + 12(x^2 + 5x) + 36 = 0$
$t^2 + 12t + 36 = 0$.

Lös andragradsekvationen: $t^2 + 12t + 36 = 0$

$t = -6 \pm \sqrt{36 + 1(-36)}$

$t = -6$ insätts i $t = x^2 + 5x$

$x^2 + 5x + 6 = 0$

$x = -2,5 \pm \sqrt{6,25 + 1(-6)} = -2,5 \pm \sqrt{0,25} = -2,5 \pm 0,5$

$\therefore x_1 = x_2 = -2, \; x_3 = x_4 = -3$.

Kapitel 5

FAKTORISERING AV FEMTEGRADSPOLYNOM

Ett femtegradspolynom faktoriseras på liknande sätt som ett polynom av tredje och fjärdegraden. Efter exempel 1 löser vi en femtegradsekvation med hjälp av faktorisering och jämför den med en konventionell metod.

Exempel 1 $5x^5 + 67x^4 + 163x^3 + 253x^2 + 168x + 36$

Vi delar upp $5x^5$ i $5x/x/x/x/x$ och genom primtalsfaktorisering av konstanttermen 36 får vi: $36 = 2 \cdot 18 = 2 \cdot 2 \cdot 9 = 2 \cdot 2 \cdot 3 \cdot 3$.
Eftersom vi har fem faktorer och produkten av dessa skall bli 36, så måste den femte faktorn vara 1. Faktorerna i konstanttermen är således 1,2,2,3,3 vars produkt är 36.

Faktorregeln från kapitel 3 säger:

1. "Multiplicera den största faktorn i den första termen med faktorerna i konstanttermen", d.v.s. $5x \cdot 1 \cdot 2 \cdot 2 \cdot 3 \cdot 3 = 180x > 168x$.

2. " Om produkten är större eller lite mindre än koefficienten framför variabeltermen x, skall den största faktorn i den första termen ingå i binomet med den näst lägsta faktorn i konstanttermen".

Det innebär att den största faktorn i den första termen 5x, skall ingå i binomet med den näst lägsta faktorn 2 i konstanttermen. Det första binomet är 5x + 2.

De andra fyra faktorerna är $(x + 1)(x + 2)(x +3)(x + 3)$ eftersom koefficienterna framför x är 1. Enligt nedan får vi faktorerna $(5x + 2)(x + 1)(x + 2)(x +3)(x + 3)$.

$5x^5 + 47x^4 + 163x^3 + 253x^2 + 168x + 36$
$5x + 2$
$x + 1 = 5x^2 + 7x + 2$
$x + 2 = 5x^3 + 17x^2 + 16x + 4$
$x + 3 = 5x^4 + 32x^3 + 67x^2 + 52x + 12$
$x + 3 = 5x^5 + 47x^4 + 163x^3 + 253x^2 + 168x + 36$

$\therefore\ 5x^5 + 67x^4 + 163x^3 + 253x^2 + 168x + 36 = (5x + 2)(x + 1)(x + 2)(x + 3)(x + 3)$.

Lös följande femtegradsekvation

$x^5 + 11x^4 + 47x^3 + 97x^2 + 96x + 36 = 0$

Se kap. 2, sid. 35: När den ena ytterkoefficienten är 1.

Ekvationens vänstra led faktoriseras och x^5 delas upp i x/x/x/x/x och genom primtalsfaktorisering av konstanttermen 36 får vi: $36 = 2 \cdot 18 = 2 \cdot 2 \cdot 9 = 2 \cdot 2 \cdot 3 \cdot 3$. Eftersom vi har fem faktorer och produkten av dessa skall bli 36, så måste den femte faktorn vara 1. Faktorerna blir således 1, 2, 2, 3, 3.
Vi konstaterar att summan av faktorerna är lika med koefficienten 11 i variabeltermen x^4 samt att produkten av faktorerna är 36 som i konstanttermen.

$x^5 + 11x^4 + 47x^3 + 97x^2 + 96x + 36$
$x + 1$
$x + 2 = x^2 + 3x + 2$
$\qquad x + 3 = x^3 + 6x^2 + 11x + 6$
$\qquad\qquad x + 2 = x^4 + 8x^3 + 23x^2 + 28x + 12$
$\qquad\qquad\qquad x + 3 = x^5 + 11x^4 + 47x^3 + 97x^2 + 96x + 36$

Vi får faktorerna: $(x + 1)(x + 2)(x + 2)(x + 3)(x + 3)$.
Det vänstra ledet = $(x + 1)(x + 2)(x + 2)(x + 3)(x + 3)$ och det högra ledet = 0.
$(x + 1)(x + 2)(x + 2)(x + 3)(x + 3) = 0$.

Den första faktorn = 0 ger $x + 1 = 0$ ger $x_1 = -1$.
Den andra och tredje faktorn = 0 ger $x + 2 = 0$ d.v.s. $x_2 = x_3 = -2$.
Den fjärde och femte faktorn = 0 ger $x + 3 = 0$ d.v.s. $x_4 = x_5 = -3$.
$\therefore x_1 = -1, x_2 = x_3 = -2, x_4 = x_5 = -3$.

Denna femtegradsekvation löses lätt med huvudräkning genom primtalsfaktorisering av konstanttermen 36. För att summan av faktorerna skall bli lika med 11 i variabeltermen x^4, måste den femte faktorn vara 1. Samtidigt måste produkten av faktorerna bli lika med konstanttermen 36.

<u>Att lösa denna femtegradsekvation med en konventionell metod är en stor omväg.</u>

Vi jämför här med en konventionell metod:

POLYNOMDIVISION

Detta förutsätter att man på något sätt känner till en rot, om inte annat än genom gissning eller prövning. I detta exempel är $x = -1$ en rot.

Den konventionella metoden att lösa en femtegradsekvation utförs i tre steg: Polynomdivision, substitution och en andragradsekvation som löses med formel.

Polynomdivision med $(x + 1)$ bryter ned ekvationen till en fjärdegradsekvation och med substitution bryts fjärdegradsekvationen ned till en andragradsekvation.
$x^5 + 11x^4 + 47x^3 + 97x^2 + 96x + 36 = 0$

$$\frac{x^4 + 10x^3 + 37x^2 + 60x + 36}{x^5 + 11x^4 + 47x^3 + 97x^2 + 96x + 36} / x+1$$

$\underline{x^5 + x^4}$ $\qquad\qquad\qquad\qquad$ x^4 $(x+1)$
$\quad\ 10x^4 + 47x^3$ $\qquad\qquad\ \ $ $10x^3$ $(x+1)$
$\quad\ \underline{10x^4 + 10x^3}$ $\qquad\qquad\ \ $ $37x^2$ $(x+1)$
$\qquad\quad\ 37x^3 + 97x^2$ $\qquad\quad\ $ $60x$ $(x+1)$
$\qquad\quad\ \underline{37x^3 + 37x^2}$ $\qquad\qquad$ 36 $(x+1)$
$\qquad\qquad\quad\ 60x^2 + 96x$
$\qquad\qquad\quad\ \underline{60x^2 + 60x}$
$\qquad\qquad\qquad\quad\ \underline{36x + 36}$
$\qquad\qquad\qquad\qquad\qquad\ 0$

SUBSTITUTION

$x^4 + 10x^3 + 37x^2 + 60x + 36 = 0$

Vi bryter ned fjärdegradsekvationen till en andragradsekvation genom substitution, vilket innebär att delar av ekvationen ersätts med et uttryck där både x^4 och $10x^3$ ingår. För att få rätt uttryck måste vi halvera koefficienten 10 i variabeltermen x^3 och multiplicera x^2 med 5x. Vid vertikal och korsvis multiplikation får vi följande:
$x^2 + 5x$
$x^2 + 5x = x^4 + 10x^3 + 25x^2$. Vi har hittat uttrycket $(x^2+5x)^2$ där både x^4 och $10x^3$ ingår. När man har lärt sig korsvis multiplikation är det inte svårt att hitta rätt uttryck, då variabeltermen $10x^3$ är summan av produkterna $x^2 \cdot 5x + x^2 \cdot 5x = 10x^3$.

Vi väljer att sätta $t = (x^2 + 5x)$ och $t^2 = (x^2 + 5x)^2$.

$x^4 + 10x^3 + 37x^2 + 60x + 36 = 0$
$(x^2 + 5x)^2 = x^4 + 10x^3 + 25x^2$
$x^4 + 10x^3 + 25x^2 + 12x^2 + 60x + 36 = 0$
$(x^2 + 5x)^2 + 12(x^2 + 5x) + 36 = 0$
$t^2 + 12t + 36 = 0$.

Lös ekvationen $t^2 + 12t + 36 = 0$

$t = -6 \pm \sqrt{36 + 1(-36)}$

$t = -6$ insätts i $t = x^2 + 5x$

$x^2 + 5x + 6 = 0$

$x = -2{,}5 \pm \sqrt{6{,}25 + 1(-6)} = -2{,}5 \pm \sqrt{0{,}25} = -2{,}5 \pm 0{,}5$

$x_1 = -1, \quad x_2 = x_3 = -2, \quad x_4 = x_5 = -3$.

Kapitel 6

NORDENS STÖRSTA MATEMATIKER

Niels Henrik Abel (5:e aug 1802 – 6:e april 1829)

Niels Henrik Abel kom från en prästsläkt i Gjerstad och har beskrivits som Norges och Nordens största matematiker. Han är kanske mest känd för att han bevisade att det var omöjligt att lösa den allmänna femtegradsekvationen med algebraiska metoder. Trots att han bara blev drygt 26 år gammal, hann han med att skriva flera banbrytande avhandlingar. De flesta blev kända först efter hans död och en av dem, och förmodligen ett av matematikhistoriens största arbeten, är den som man brukar kalla Parisavhandlingen.

Hösten 1824 skrev han i Paris om integraler och elliptiska funktioner, där han visade sambandet mellan algebra, matematiska analyser och geometri som ingen tidigare hade upptäckt. Avhandlingen försvann flera gånger och senast 1952 fann man den i Florens. Originalmanuset är nu förvarat vid Oslo universitet.

Vid 13 års ålder studerade Abel vid katedralskolan i Oslo. Det var här Abel upptäckte matematiken och tillägnade sig ny kunskap i en sådan iver att läraren kallade honom i betygsprotokollen "Et utmerket mathematisk Genie". När någon en gång frågade honom hur han så fort hade utvecklat sitt kunnande lär han ha sagt. "Om man vill göra framsteg i matematik måste man studera mästarna och inte deras elever".

År 1821 kom han in på universitetet i Oslo och var redan då den mest kunniga matematikern i Norge. Professor Holmboe var hans lärare och Abel studerade även den senaste matematiska litteraturen i universitets bibliotek. Det var här Abel arbetade med sin första presentation, femtegradsekvationen med rotutdragning. Matematiker hade letat efter en lösning på detta problem i över 250 år och nu trodde Abel att han hade hittat lösningen. De två professorerna i Oslo, Sören Rasmussen och Christopher Hansteen, fann inga fel på Abels formler, och de skickade hans arbete till den ledande matematikern i Norden, professor Sören Degen i Köpenhamn. Han fann heller inga fel, men ändå tvivlade han på att den lösning, som så många framstående matematiker hade sökt så länge, nu verkligen kunde ha hittats av en okänd student från Norge.

Vid Abels besök i Köpenhamn noterade professor Degen hans ovanligt skarpa sinne och tyckte att en sådan talangfull ung man inte skulle slösa bort sin förmåga på ett sådant "sterilt objekt" som den femte gradens ekvation, utan istället på elliptiska funktioner och transcendens. Teorin för de elliptiska funktionerna är till största delen utvecklad av Niels Henrik Abel.

Trots att ingen kunde hitta något fel på formeln, upptäckte Abel själv att denna formel inte kunde vara generell och gälla alla femtegradsekvationer. Efterhand blev han mer övertygad att femtegradsekvationer inte kunde lösas med hjälp av en generell formel. På den tiden visste inte Abel att italienaren Paolo Ruffini hade lämnat ett bevis för detta ca 25 år tidigare, men efterhand fann Abel att varken Ruffinis bevis eller hans eget första försök på ett sådant bevis var hållbara. Abel lämnade efterhand två helt fullständiga bevis för detta och yttrandet kallas i dag för Abel-Ruffini teorin. År 1824 lät han på egen bekostnad trycka sin avhandling i matematik i vilken han bevisade att det var omöjligt att fullständigt lösa ekvationer av femte graden med algebraiska metoder.

Abel var under större delen av sitt liv mycket fattig och fick förlita sig på donationer från sina medmänniskor för att kunna jobba med matematiken. Hans föräldrar var relativt välbärgade, men fadern dog 1820 och hans mor var sjuklig och klarade inte av att ta hand om sina barn och hemmet. Abel levde ständigt på ruinens brant eftersom han kände sig tvingad att ta hand om sin mor och sina syskon. Men hans ekonomiska situation förbättrades när han vid ett besök i Köpenhamn träffade sin stora kärlek, Christine Kemp, som senare blev hans hustru och finansiär. Niels Henrik Abel dog i tuberkulos bara drygt 26 år gammal strax innan han skulle ha utnämnts till professor vid Berlins universitet, något som han aldrig fick veta.

Vid sin död var Abel berömd bland de stora matematikerna på kontinenten och den tyske matematikern Carl Friedrich Gauss, som annars var sparsam med beröm, skrev bland annat att "han var en stor förlust för vetenskapen".

I Norge och Skandinavien var det inte många som på den tiden förstod hur framstående Abel hade varit. Men idag har säkerligen många insett hur stor betydelse han haft för matematiken. Hans namn finns med i många sammanhang. Alla de större städerna i Norge har gator och platser uppkallade efter Abel. Även i andra stora städer, som t.ex. Berlin och Paris, finns både byggnader och gator uppkallade efter honom. Han blev även avbildad på norska frimärken, mynt och sedlar.

I Norge jämställs Niels Henrik Abel med storheter som tonsättaren Edvard Grieg, författaren och dramatikern Henrik Ibsen samt konstnären Edvard Munch.

ABELPRISET

Under unionstiden fanns det långt framskridna planer på att upprätta ett Abelpris till hundraårsjubileet. Initiativtagaren var Oscar II, kung av både Sverige och Norge, men när unionen upplöstes 1905 rann idén ut i sanden. År 2002 meddelade den norska regeringen att tvåhundraårsjubileet av Abels födelse skulle innebära startskottet året därpå för ett pris för matematiker. Samma år fonderade den norska regeringen 200 miljoner kronor till detta internationella matematikerpris, som delades ut första gången den 3 juni 2003.

Den dåvarande norska statsministern Jens Stoltenberg meddelade att syftet med priset var att öka intresset för naturvetenskap bland unga människor, stärka matematisk forskning samt uppmärksamma landet internationellt.

Det Norske Videnskaps-Akademi har tillsatt Abelkommittén, som varje år utser en eller flera vinnare av Abelpriset. Priset, som år 2003 var 6 miljoner norska kronor, överlämnas av den norska kungen eller kronprinsen vid en högtidlig ceremoni i universitets aula i Oslo. Dagen avslutas med bankett på Akershus slott.

Som förste svensk tilldelades Abelpriset 2006 till Lennart Carleson, professor emeritus i matematik vid Kungliga Tekniska Högskolan i Stockholm, Uppsala Universitet och University of California Los Angeles (UCLA). Priset tilldelades för "hans ingående och betydelsefulla bidrag till harmonisk analys och teorin kring kontinuerliga system".

År 2015 fick John Nash från USA priset för sitt bidrag till teorierna om s.k. partiella differentialekvationer. Det är endast ett av många områden inom matematiken där John Nash gjorde banbrytande genombrott innan han ens hade fyllt 30 år. Vid 30 års ålder insjuknande han i paranoid schizofreni och var borta från forskningen i decennier, vilket skildras i filmen, "A beautiful mind". År 1994 fick han även Nobelpriset i ekonomi och att en och samma person får både Nobelpriset och Abelpriset måste anses vara unikt.

Eftersom det inte delas ut Nobelpris i matematik, har Abelpriset blivit betydelsefullt och upprättat matematikens höga status.

REFERENSER

1. Williams K.R. (1991). The Natural Calculator

2. Williams K.R. (1984). Discover Vedic Mathematics. Inspiration Books

3. Bidder G.P. (1856). On Mental Calculation. Minutes of Proceedings, Institution of Civil Engineers (1855-56), 15, 251-280

4. Aitken A.C. (1954). The Art of Mental Calculation: With Demonstrations. Transactions of the Society of Engineers. 45, 295-309

5. Tirthaji B.K. (1965). Vedic Mathmatics, Motilal Banarsidass

6. Nicholas, Williams, Pickles (1984). Vertically and Crosswise. Inspiration Books

7. Stubhaug, A. Ett foranskutt lyn. Niels Henrik Abel och hans tid

SVAR TILL ÖVNINGARNA

Kapitel 1

1. $x_1 = -4\ x_2 = -1/3$
2. $x_1 = -3/2\ x_2 = 1/3$
3. $x_1 = -4\ x_2 = -3/2$
4. $x_1 = -1\ x_2 = 3/2$
5. $x_1 = 1/2\ x_2 = 4/3$
6. $x_1 = -1/5\ x_2 = -6$
7. $x_1 = -1/3\ x_2 = -1/2$
8. $x_1 = -3/7\ x_2 = -2$
9. $x_1 = -3/4\ x_2 = -2/3$
10. $x_1 = 5\ x_2 = -2$
11. $x_1 = 3\ x_2 = -5$
12. $x_1 = -2\ x_2 = 3/2$
13. $x_1 = -3\ x_2 = 2/3$
14. $x_1 = 2\ x_2 = -9/5$
15. $x_1 = 1\ x_2 = 3/2$
16. $x_1 = 3\ x_2 = 1/2$
17. $x_1 = 5\ x_2 = 1/2$
18. $x_1 = 1\ x_2 = 3/2$
19. $x_1 = 1\ x_2 = -2/5$
20. $x_1 = -1\ x_2 = -2$
21. $x_1 = -2/3\ x_2 = -5/4$
22. $x_1 = x_2 = 4$
23. $x_1 = 1{,}30\ x_2 = -2{,}30$
24. $x_1 = 0{,}77\ x_2 = -7{,}77$
25. $x_1 = 0.62\ \ x_2 = -1{,}62$
26. $x_1 = 5\ x_2 = -1$
27. $x_1 = 7\ x_2 = -3$
28. $x_1 = 5\ x_2 = 1$
29. $x_1 = 1\ x_2 = -2/3$
30. $x_1 = -5\ \ x_2 = -4$
31. $x_1 = x_2 = -4$
32. $x_1 = 7\ x_2 = 1$
33. $x_1 = -2\ x_2 = 1$
34. $x_1 = -3\ x_2 = -4$
35. $x_1 = -3\ x_2 = -2/3$
36. $x_1 = 5\ \ x_2 = -3$
37. $x_1 = 7\ x_2 = 3$
38. $x_1 = -4\ x_2 = -1/2$
39. $x_1 = 12\ x_2 = 2$

Kapitel 2

1. $(x + 7)(2x + 1)$
2. $(3x - 1)(2x + 3)$
3. $(x + 4)(2x + 3)$
4. $(2x - 1)(3x - 4)$
5. $(x + 4)(x + 6)$
6. $(3x + 1)(2x + 1)$
7. $(x - 5)(x + 2)$
8. $(x + 5)(x - 3)$
9. $(3x - 2)(x + 3)$
10. $(5x + 9)(x - 2)$
11. $(x - 1)(2x - 3)$
12. $(2x - 1)(x - 5)$
13. $(2x + 3)(x + 1$
14. $(3x + 1)(x + 5)$
15. $(3x + 2)(4x + 5)$
16. $(3x + 1)(2x + 5)$
17. $(x + 1)(4x + 5)$
18. $(x + 3)(3x + 2)$
19. $(4x + 3)(3x + 1)$
20. $(3x + 1)(4x + 5)$
21. $(x - 1)(3x + 2)$
22. $(x + 5)(x + 4)$
23. $(x + 1)(3x + 5)$
24. $(2x - 3((x + 1)$
25. $(x + 4)(2x + 1)$
26. $(x + 2)(2x-3)$
27. $(x - 3)(2x - 1)$
28. $(x + 1)(x + 2)$
29. $(3x + 2)(x + 3)$
30. $(4x + 5)(3x + 1)$

Kapitel 3

1. $(x + 1)(x + 2)(x + 4)$
2. $(x + 1)(x + 3)(x + 4)$
3. $(x + 1)(x + 5)(x + 3)$
4. $(3x + 2)(x + 3)(x + 4)$
5. $(5x + 2)(x + 1)(x + 3)$
6. $(7x + 1)(x + 3)(x + 5)$
7. $(2x + 1)(x + 1)(x + 5)$
8. $(4x + 2)(x + 3)(x + 4)$
9. $(5x + 2)(x + 5)(x + 2)$
10. $(3x + 1)(2x + 5)(x + 3)$
11. $(2x + 1)(x + 3)(x - 5)$
12. $(5x + 1)(x + 2)(x - 3)$

www.ingramcontent.com/pod-product-compliance
Lightning Source LLC
Chambersburg PA
CBHW082347220526
45470CB00008B/2676